아이의 자존감은
엄마의 태도에서 결정된다

아이의 자존감은 엄마의 태도에서 결정된다

초 판 1쇄 2021년 08월 19일
초 판 2쇄 2021년 10월 20일

지은이 김보민
펴낸이 류종렬

펴낸곳 미다스북스
총괄실장 명상완
책임편집 이다경
책임진행 김가영, 신은서, 임종익, 박유진

등록 2001년 3월 21일 제2001-000040호
주소 서울시 마포구 양화로 133 서교타워 711호
전화 02) 322-7802~3
팩스 02) 6007-1845
블로그 http://blog.naver.com/midasbooks
전자주소 midasbooks@hanmail.net
페이스북 https://www.facebook.com/midasbooks425

ISBN 978-89-6637-947-7 03590

값 15,000원

미다스북스는 다음세대에게 필요한 지혜와 교양을 생각합니다.

아이의 자존감은
엄마의 태도에서 결정된다

김보민 지음

미다스북스

글을 시작하며

어릴 때부터 작가가 되고 싶다고 매일 일기장에 적었습니다. 헨리에트 앤 클라우의 『종이 위의 기적, 쓰면 이루어진다』에 나오는 내용처럼 대학을 졸업하고 바로 극동방송에서 글을 쓸 수 있었어요. 그 후 지금의 교육 서비스 회사에서 15년째 아이들을 만나고 고객을 만나고 아이들을 가르치는 선생님들의 센터장으로 매일 새로운 경험과 도전을 하고 있습니다.

아이들을 직접 가르치며 2년의 시간을 보내고 관리자가 되어 중계동 은행사거리와 광장동으로 발령받아 교육의 최고 중심지에 있는 아이들과 엄마들을 만날 수 있었습니다. 지금은 아니지만 10년 넘게 같은 회사에 근무한 남편은 강남권 학군지에서 관리자 생활을 했어요.

강북권의 최고 학군지, 강남권의 최고 학군지에서 일했던 우리 부부는 매일 밤 아이들과 엄마들에 대한 이야기를 하며 더 나은 방향과 해결책을 위해 고민했어요. 무엇보다 우리 아이는 어떻게 키워야 할지 그 방향은 바로 세울 수 있었습니다.

전문가들은 말합니다. 4차 산업혁명으로 다가오는 시대에는 자존감과 창의성이 무엇보다 중요한 역량이 될 것이라고요. 그러나 아직도 엄마들은 기존에 우리가 해왔던 방식대로 아이들을 교육합니다.

아이들의 행복한 미래를 꿈꾸며 사교육비에 조금이라도 보탬이 되기위해 워킹맘을 자처하는 엄마들은 자존감에 대한 중요성을 모르고 있거나 알고 있어도 당장 눈앞에 보이는 점수에만 연연해하는 모습입니다.

어떤 방법으로 아이들과 소통해야 할지 어려워하는 분들을 만났습니다. 심지어 아직도 아이의 자존감을 위해 부모의 태도가 달라져야 한다는 것을 인정하지 않은 엄마들도 만났습니다.

아이의 행복한 미래를 위해 부모의 마음가짐과 양육 태도도 중요하지만 경제적인 안정도 중요합니다. 저도 결혼을 하고 아이를 낳고 육아휴직조차 쓰지 않고 열심히 살았습니다. 더 열심히 살아야만 했어요. 나의 부족함을 채우기 위해 책을 읽고 멘토들을 만났습니다. 그들의 가르침대로 실천하며 버킷리스트에 적힌 꿈들을 하나씩 이룰 수 있었어요.

가장 먼저 만난 나의 첫 경제 멘토 월급쟁이 부자들의 너바나 대표님, 오늘도 소비자가 아닌 생산자가 되라며 늘 외치는 내꿈사 열정로즈 대표님께 감사드립니다. 이분들과의 인연으로 메신저스쿨 박현근 코치님을 만났습니다. 코치님께 3P바인더를 배우고 목표를 쓰고 책을 계획적으로 읽기 시작했습니다. 그리고 각 영역의 메신저(자신이 겪은 삶의 지혜와 노하우로 세상에 선한 영향력을 전하는 전달자)분들과 인연이 되어 공저를 출간하였습니다.

내 이름으로 된 책을 쓰고 싶었지만 언젠가는 써야지, 박사학위를 따면 쓸 수 있을까? 대학원 입학을 먼저 준비해야 하지 않을까를 고민할 때, 〈한국책쓰기1인창업코칭협회(한책협)〉를 만나고 대표인 김태광 작가(김도사)님을 만났습니다.

"성공해서 책을 쓰는 것이 아니라, 책을 써야 성공한다."라고 하는 너무 매력적인 그의 말에 이끌려, 평소 책을 좋아하던 저는 『내가 100억 부자가 된 7가지 비밀』, 『김 대리는 어떻게 1개월 만에 작가가 됐을까』 등 그의 저서를 읽고 그의 가르침대로 실행하면서 빠르게 목표를 이룰 수 있었습니다.

김태광 대표는 어린 시절 힘든 시간을 보냈지만 작가가 되겠다는 꿈을 포기하지 않았고, 결국 자신의 꿈을 이루고 150억 자산을 일군 부자가 되었습니다. 지금은 자신의 경험과 지식으로 다른 사람들이 빠르게 성공할 수 있도록 코칭하며 그 길을 열어주는 역할을 하고 있습니다.

그는 제가 작가로 발을 내디디는 데 실제적인 도움을 주셨고 제 안에 숨겨져 있던 가능성과 열정을 발견할 수 있도록 격려하고 동기 부여 해 주셨습니다.

이 자리를 빌어 깊은 감사의 마음을 전합니다.

『아이의 자존감은 엄마의 태도에서 결정된다』라는 이번 책을 집필하면서, 어린 시절을 돌아보게 되었습니다. 일찍 세상을 떠난 아빠를 대신해 손녀딸을 걸스카웃, 연기 학원까지 보내주시며, 물질적으로 정신적으로 든든한 버팀목이 되어주신 세상에 다시 없을 인자하고 너그러운 故 김진화 저의 할아버지, 아침이면 마른반찬이 없다고 투정하던 저에게 "남동생도 하지 않는 반찬 투정을 하느냐"며 말씀은 하셨지만 늘 제가 좋아하던 계란 후라이와, 오징어채 볶음을 올려주시던 내가 사랑하는 나의 할머니 정분옥 여사님, 두 분이 계셔서 지금의 제가 있습니다. 엄마, 아빠, 사랑하는 동생들 그리고 고모님 감사합니다.

일하는 며느리라 부족한 게 많지만, 칭찬과 응원을 아낌없이 해주시는 나의 아버님, 세상을 살아가는 혜안을 가르쳐주시고, 형님들보다 더 아껴주시는 나의 어머님, 세상에 최고자존감협의회가 있다면 회장으로 딱! 어울리는 사랑하는 남편 정희석 씨, 작가 엄마를 응원하며 자기주도학습으로 세상을 행복하게 살아가는 힘을 키우고 있는 서진이가 있어서 책이 나올 수 있었습니다.

마지막으로 이 책을 집필할 수 있도록 15년 동안 교사로, 강사로, 코치로, 조직장으로 다양한 기회 제공과 더불어 성장의 발판을 마련해준 한솔교육, 소중한 인연들, 지금 함께하고 있는 우리 원장님들께 감사드립니다.

인생이라는 길목에서 만난 인생 선배님들, 코치님들과 메신저분들이 계셨기에 용기를 내어 책을 집필할 수 있었습니다. 아이의 행복한 미래를 꿈꾸는 세상 엄마들에게 이 책이 도움이 되기를 바랍니다. 아이들의 행복의 출발점을 다시 고민해볼 수 있는 계기가 되길 바랍니다.

감사합니다.

김보민

차 례

아이의 자존감을 끌어올리는 8가지 실천법

5장 자존감, 결국 아이의 미래를 결정한다

1장

아이의 자존감이
왜 중요한가?

01

자존감은 아이의 행복을 결정한다

  모든 부모는 내 아이가 행복한 인생을 살아가길 바란다. 영유아부터 시작되는 조기 교육 역시, 아이의 행복한 미래를 위한 준비 작업이라 말한다. 10년 전에는 아직 태어나지도 않은 아이를 위해 원정 출산이 유행하기도 했다.

  부모는 아이의 행복과 미래를 위해 무엇이든 할 준비가 되어 있다. 특히 대한민국 부모들의 조기 교육과 사교육 열기는 어느 나라와 견주어도 뒤처지지 않고 오히려 세계에서 손에 꼽힐 정도다. 대부분의 가정이 수입의 상당부분을 교육비로 지출하고 있다. 통계청에 의하면 가구의 월평

균소득이 높거나, 부모의 학력이 높을수록 사교육에 지출하는 비용 또한 많았다.

내가 그동안 면접을 본 대부분의 사람 중 많은 이들이 여성이었고 대부분 엄마였다. 그녀들이 직업을 구하는 이유도 아이의 교육비에 보탬이 되거나 혹은 독서 토론 논술 프로그램을 배워서 아이의 교육을 직접 지도하기 위해서였다. 이렇게 부모는 아이를 낳는 순간부터 모든 정보를 총동원해서 아이에게 최고의 환경을 만들어주고 싶어 한다.

그런데 아이에게 행복이란 무엇일지 생각해본 적이 있는가? 행복의 기준은 자기 자신의 만족감으로 결정된다. 부모가 미리 준비해놓은 최고의 환경도, 남보다 더 뛰어난 재능도, 전문직에 종사하는 것도, 돈을 더 많이 벌어 부자가 되는 것도 아이의 행복의 기준이 될 수 없다.

행복은 오롯이 자신이 스스로 생각하고 믿는 만족감으로 결정된다. 아이는 부모들의 생각처럼 아이비리그에 입학한다고 해서, SKY에 입학한다고 해서 행복감을 느끼지 않는다. 아이들은 결코 다른 사람과의 비교를 통해 행복을 느낄 수 없다.

정신과 의사인 윤홍균의 『자존감 수업』에서는 자기 효능감과 자기 조절감, 자기 안정감을 자존감의 3대 축이라고 말한다. 자신이 얼마나 쓸

모 있는 사람인지 느끼는 자기 효능감, 자기 마음대로 하고 싶은 본능을 의미하는 자기 조절감, 안전하고 편안함을 느끼는 능력이 다른 사람보다 뛰어남을 말하는 자기 안정감이 이에 속한다.

부모로부터 물려받은 최적의 환경 속에 살고 있어도, 어른이 되어 좋은 직업을 가지게 되어도, 사회적 지위가 높아도, 남보다 수입이 많아도, 자존감이 낮으면 이 모든 것이 무용지물이다.

스스로 자기를 소중하게 느끼는 자아 존중감과 자신이 어떤 일을 성공적으로 수행할 수 있는 능력이 있다고 믿는 자기 효능감, 자기 안정감이 있을 때 아이는 행복한 인생임을 스스로 결정할 수 있을 것이다.

아이의 행복을 결정하는 필수 조건인 자존감은 어릴 때부터 키워야 한다. 내 아이의 자존감이 어떨지 생각해본 적이 있는가? 부모들은 아이가 행복하기 바라고 자존감이 높은 아이로 성장하길 바란다. 하지만 자존감의 필수 조건인 사랑을 표현하거나 자존감을 높이는 말에 대해 생각하지 않는다. 진정 아이가 원하는 것이 무엇인지 모르는 것이다.

이 글을 쓰고 있는 나도 마찬가지다. 이론적으로는 너무나 잘 알고 있지만, 딸아이가 외동이라 사랑이 넘치는 날이면, 어김없이 아이에게 실수를 범하고 만다. 그럴 때면 엄마지만 사과하고, 엄마라서 반성하며 같은 실수를 하지 않기 위해 다짐한다. 나는 엄마니까. 그것이 내 아이가

인생을 행복하게 살 수 있도록 돕는 길임을 너무나 잘 알고 있기 때문이
다.

미국 맨해튼 출생의 성형외과 의사이자 『사이코 사이버네틱스』의 저자
맥스웰 몰츠는 "낮은 자존감은 계속 브레이크를 밟으며 운전하는 것과
같다."라고 말했다. 운전하는 독자들이라면 이 말이 아찔할 것이다. 계속
브레이크를 밟으며 운전한다는 것이 얼마나 위태롭고 아슬아슬한가. 도
로 위에서의 주행은 온전히 운전자 개인의 몫은 아니다. 운전자는 사고
없이 목적지에 도착하고 싶겠지만, 앞이나 뒤나 옆에서의 부주의로 인해
결국 교통사고가 발생하기도 한다. 마치 우리의 인생길처럼.

대부분의 부모는 생각한다. 내 아이의 인생길은 순탄하기를. 아무 문
제가 없기를.

그러나 부모의 바람과 다르게, 우리 인생은 정해진 길이라는 게 없다.
우리의 부모도 우리의 인생길이 순탄하길 바랐겠지만 살아보니 어디 순
탄하기만 했는가?! 인생길에서 만난 누군가로 인해, 우연히 벌어진 어떤
상황으로 인해, 어떤 선택을 결정하는가에 따라 아슬아슬한 상황이 눈앞
에 펼쳐진다. 이때 높은 자존감을 가진 아이들은 자신이 가진 무기로 문
제를 쉽게 털고 일어날 수 있다. 또 쉽게 해결할 수도 있다.

얼마 전, 운동을 끝내고 딸아이와 딸아이의 친구를 차에 태워 집으로 오던 길이었다. 신호등 앞에 정차하고 있었는데 어디서 '쿵' 소리가 들렸다. 순간 '뭐지?' 싶었다. 뒷좌석에 앉아 있던, 딸과 딸아이 친구가 걱정되었다. 딸아이 친구까지 타고 있었던 터라 심장이 더 쿵쾅거리며 심히 뛰기 시작했다. 상대편 운전자의 부주의였고, 다행히 큰 사고는 아니었다.

20년 가까이 무사고 안전 운전을 목표로 하는 내게도 의지와 상관없이 사고가 발생했다. 우리 아이들에게도 예고 없이 크고 작은 위기는 찾아온다. 그때마다 자존감이 높은 아이들은 스스로 헤쳐 나갈 것이다. 이 아이들은 어떤 경우에도 자신을 지키고 문제를 극복해 낼 힘이 충분히 장착되어 있기 때문이다.

자존감이 높은 아이들은 자신의 행복에 대한 기준을 세울 수 있다. 행복한 미래를 위한 올바른 선택과 결정을 할 준비가 되어 있다. 혹시, 지금 아이의 자존감이 걱정된다고 해서 문제될 것도 없다. 지금부터 엄마의 태도를 바꾸면 우리 아이의 자존감도 제자리를 찾을 수 있기 때문이다.

자존감은 한 번 형성되면 불변하여 고정되는 것이 아니다. 높은 자존감을 소유했다고 해서 자만할 것도, 낮은 자존감으로 인해 고민할 것 없다. 어린 시절 나 역시 자존감이 높은 아이는 아니었지만 인생의 여정에서 다양한 사람을 만나고 다양한 경험을 했다. 많은 생각을 했고 기록으로 남겼다. 그리고 배움에 투자했다. 삶에 적용했고 실천했다. 그 덕분에 내 아이의 자존감을 키워줄 수 있었다.

책에서 만난 많은 멘토의 가르침으로, 수천만 원으로 최고 코치들에게 배운 실천법으로 아이의 높은 자존감과 자존감 회복탄력성을 키울 수 있었다. 물론 지금도 끊임없이 배움에 투자하고 실천한다. 내가 가장 사랑하는 내 아이를 위해 해줄 수 있는 최고의 선물이 자존감인 것을 알고 있는 이유다.

지금 당장 눈앞에 보이는 사소한 것에 집착하지 말고, 먼저 숲을 볼 수 있는 눈을 키워 아이에게 숲을 보여주자. 세상은 혼자만 잘한다고, 혼자만 잘났다고 잘 살아갈 수 있는 곳이 아니다. 앞서 시작하면서 던졌던 질문, 내 아이의 자존감은 어떠할까? 지금 당장 질문해보자.

"딸! 너는 너를 사랑하니?"
"아들! 너는 너를 사랑하니?"

머뭇거린다면 지금 바로 말해주자.

"사랑해. 딸!"

"사랑해. 아들!"

"너는 세상 그 무엇보다 소중하고 귀한 엄마의 보물이야."

그리고 이 책을 읽고 있는 독자 스스로 질문해보자.

"나는 나를 사랑하는가?"

"나는 나를 믿는가?"

도대체 무슨 말인지 모르겠다면, 지금부터 나와 함께 이 책을 읽으며 답을 찾으면 된다. 세계적인 성공학의 아버지라 불리는 브라이언 트레이시는 말한다.

"가장 행복한 사람은 자기 주위에 있는 사람들에게 사랑, 친절, 애정을 보여주는 방법을 계속 찾는 사람이다. 그들은 가장 사랑받고 존경받을 뿐 아니라 가장 건강하고 축복받은 사람들이다."

— 브라이언 트레이시

자존감이 높은 아이는 내면이 단단하다

자존감이 높은 아이들을 보면 어떤 생각을 하게 되는가? 어떤 아이들을 보면 '아! 저 아이 자존감이 높구나!'라는 생각하게 되는가? 그 아이가 내 아이는 아닌가?

사람들은 대부분 자신이 가지고 있는 것에 감사하고 집중할 줄 모른다. 그 대신 남이 가진 것에 집중하고 남이 가진 것을 갖기 위해 노력한다. 그러다 보면 자존감이 바닥난다. 자존감을 점검하려면, 먼저 자신이 가지고 있는 것을 정확하게 볼 줄 알아야 한다.

부모인 내가 나의 자존감에 대해 점검을 한다면, 나는 내가 가진 것을 정확하게 볼 줄 아는 눈이 있어야 한다. 아이의 자존감 상태를 들여다보려면, 먼저 우리 아이가 잘하는 것을 발견할 수 있어야 한다. 잘하는 것은 더 잘할 수 있게 키워주고, 부족한 것은 스스로 만족할 만큼 노력하면서 채워주면 된다.

15년 동안 사교육 현장에서 만난 수많은 고객들의 사례를 들어보고자 한다. 내가 만난 고객들은 95% 이상 내 아이가 이미 가지고 있는 것이 아닌 부족한 것에 집중했다. 옆집 아이는 가졌으나 내 아이는 갖지 못한 것, 혹은 옆집 아이보다 내 아이에게 부족한 것에 더 집중했다. 내 아이가 가진 것에 더 집중했더라면 아이도 엄마도 행복했을 텐데 말이다.

"선생님, 우리 아이 잘했어요?"

독서 토론 수업을 마치고 나면 엄마들이 항상 질문한다. 어떤 대답을 원하는 걸까? 독서 토론 수업에서 잘한다는 기준은 도대체 무엇일까? 어떻게 대답해줬어야 했을까? 차라리 "우리 아이 어땠어요? 우리 아이는 이 책에 대해, 이 인물에 대해 어떤 생각을 하던가요?" 이런 질문이 더 나은 질문이 아닐까?

아이가 늘 잘해야 한다고 생각한다는 의식은 갖고 질문을 하는 것일까? 아니면 습관처럼, 이 또한 옆집 엄마가 그렇게 상담하니까 본인도 의식하지 않은 채 질문하는 것일까? 왜 아이는 항상 잘해야 하는 걸까?

다음은 고객과 나눴던 대화 내용이다.

"선생님, 옆집 민준이는 이번에 논술 대회에서 대상 받았대요."
"어머님, 대신 희준이는 축구를 잘하잖아요. 희준이는 운동신경이 뛰어난 아이예요."
"아니 그래도…."

희준 엄마는 옆에 앉아 있는 희준이 눈치를 슬쩍 보면서 결국 말을 흐린다.

"어머님, 희준이가 잘하는 것을 더 잘할 수 있도록 해주시면 좋겠어요. 그렇지 희준아?!"

그래도 희준 엄마는 희준이의 눈치를 보고 말줄임표로 끝냈으니 아이 자존감에 대한 엄마 점수를 준다면 70점 정도로 해두고 싶다. 아이의 견해나 생각에 대한 존중, 아이에 대한 배려는 하지 않고 끝까지 본인 하고 싶은 말을 해버리는 엄마들도 있다. 그럴 때면 어김없이 아이는 잠시 공간에서 내보내고 엄마와 상담하곤 했다.

자존감이 높은 아이들은 성취감을 이룬 경험이 여러 번 있었던 친구들이다. 그 성취감이 모여 현재 내 아이의 자존감을 만들어진 것이다. 작은 것부터 시작해서 하나하나 본인 스스로 만족할 만큼 성과를 냈을 때, 아이는 '아! 나는 잘하는 아이구나. 나도 잘하는 것이 있구나.' 혹은 '아! 나는 이것도 잘하네!' 하면서 자기 자신을 가치가 있고 쓸모 있는 사람으로 여긴다.

앞에서 언급했던 희준이의 경우, 상을 받진 못했더라도 엄마는 아이가 노력했고 도전했던 것에 대한 칭찬과 더불어 격려를 해주면 된다. 엄마의 긍정적인 피드백이 있으면 희준이는 다음에 더 좋은 결과를 받기 위해 스스로 노력할 것이다. 엄마는 아이에게 과정에 대한 칭찬과 격려만 해주면 된다. 이것이 자존감이 키워진 아이들의 마음 상태와 엄마의 태도다. 만약 희준이가 이번에 상에 관심 없이 참가에 의미를 두었다면, 도전하고 참가하려고 했던 노력에 대해 엄마는 장하다고 잘했다고 칭찬해주면 된다.

아이가 잘하는 것이 축구라면 아이가 맘껏 할 수 있도록, 그 분야에서 성공할 수 있도록 아낌없는 지원과 응원을 해주면 된다. 아이가 좋아하는 분야에 대해 이야기를 함께 나누면 사춘기도 문제없이 건강하게 잘 보낼 수 있다. 이것이 내면이 단단한 아이들이 사춘기를 쉽게 이겨내는 비결이다.

10년 전이나 지금이나 아이들의 학업 성취도에 대해 높은 기대치를 가지고 기대를 내려놓지 못하는 것은 똑같다. 10년 전에도 희준 엄마와 같은 고객을 상담한 적이 있었다. 물론 나는 아이가 잘하는 것을 발견해서 더 잘할 수 있도록 해주시라고 상담해드렸다. 그때 내게 돌아오는 고객의 대답은 질문이었다.

"선생님, 아직 결혼하지 않으셨죠?"
"결혼했어요. 어머님."
"그럼, 아직 아이는 없는 거죠? 아이 낳아보세요. 그땐 제 마음 이해하실 거예요."

이런 대화가 오고 갔다. 그 엄마는 아이 학업에 집중하며, 아이가 잘하는 것에 집중하기보다 못하는 것을 잘하게 하기 위해 시간과 노력을 투자하며 보냈을 것이다.

"작가, 당신이 희준이 엄마라면 내려놓을 수 있겠어?"

이렇게 반문하는 엄마도 있을 것이다. 물론 나도 엄마다. 나도 초등 중학년의 딸을 키우고 있다. 나도 대한민국 대부분 엄마처럼 우리 아이가 영재인 줄 알았다. 사교육에 몸담고 있는 엄마가 자기 아이를 영재라고 생각했으니 얼마나 많은 시간과 돈을 교육에 투자했을지 상상이 되는가? 모르긴 몰라도 독자들이 생각하는 그 이상이다.

아이를 초등학교에 입학시키고 1년, 2년이 지나면서 조바심이 난 적도 많았다. 내가 생각하는 대로 아이의 성취도 결과가 나오지 않았기 때문이다. 불과 얼마 전, 아이를 받아들이고 인정하기 전까지 계속 그랬다. 그때 생각났다. 10년 전 고객이 내게 했던 말.

"아이 낳아보세요. 그럼 그땐 제 마음 이해하실 거예요."

10년도 더 전에 들은 말인데, 불현듯 딱! 떠올랐다. 이제 대답해본다.

"네, 맞아요. 아이를 키워보니 아이에 대한 기대치를 내려놓는다는 것이 참 어렵습니다. 하지만 아이의 행복을 위해 저는 내려놓았습니다. 내려놓는다는 표현보다 아이가 잘하는 것을 더 잘할 수 있게 격려하고 지원하기 위해 시선의 방향을 바꿨습니다. 인생의 목표가 아닌 목적을 설정해주기로 했어요. 어머님도 해보세요. 마음이 참 편합니다. 아이가 내 옆에 함께 있다는 것만으로도 소중하고 감사합니다. 저는 제 아이가 진정 세상을 행복하게 살아가길 원합니다."

자존감이 높은 아이는 자신이 원하는 것이 무엇인지 명확하게 안다. 아이가 초등학교 3학년 때였다. 3학년 말이 되면, 각 교육청과 학교에서 영재를 뽑는 시험과 면접을 치른다. 우리 아이는 1학년 때부터 영재 학원에 다니고 있었기 때문에, 3학년에 올라가자마자 학원에서 신설되는 영재 대비반을 수강하게 하면 어떨지 권했다.

코로나로 집에만 있으니 '그래! 그럼 학원이라도 다녀라!' 하는 마음으로 아이와 의논 후 영재 입시 대비반에 등록했다. 그렇게 6개월쯤 보냈을까? 학원 측에서는 실전 면접 연습이 있다며, 학교장의 추천을 받아 원서를 써서 교육청 사이트에 등록하라고 했다. 나는 늘 그렇듯 아이의 의사를 물어보고 등록하려 했는데, 딸은 시험을 보지 않겠다고 선언했다.

"뭐라고? 시험을 안 본다고? 왜?"
"그냥. 이번엔 시험을 보고 싶지 않아. 나는 수학에 자신 없는데 4학년 반은 수학·과학 통합 반이잖아. 생각해보고 내년에 시험 볼게. 내년엔 과학만 시험 볼 수 있대."

그래도 엄마는 포기할 수 없다.

"그래도 그동안 열심히 다녔잖아. 합격할 수도 있고, 불합격이면 더 노력해서 내년에는 합격하면 되지. 시험이나 면접 문제 유형이 어떻게 나오는지 경험이라 생각하고 원서 접수하자. 응?"

"엄마! 내가 영재 대비반에 다닌 건 과학이 좋아서야. 영재 대비반에 다녔다고 꼭 시험을 봐야 할 이유는 없잖아? 내가 그동안 학원에 다니면서 배운 게 있다면 그걸로 된 거 아니야?"

코가 막히고 입이 막혔다. 솔직히 그동안 주말마다 운전해서 데리고 왔다 갔다 한 수고가 먼저 떠올랐다. 시간 낭비, 돈 낭비한 것과 가성비가 먼저 떠올라서 아이가 싫다는데도 거듭 설득하려 했다. 그런 내게 우리 딸은 단번에 내가 할 말이 없게 만들었다. 반문할 틈도 주지 않았다. 그렇게 우리의 대화는 종결되었고, 나는 아이의 의견을 존중해주기로 했다.

엄마라는 이유로 아이의 의견을 무시하며, 함부로 결정하고 진행할 수 없다는 것을 잘 알고 있기 때문이다. 엄마가 아이보다 더 오래 살았고, 더 많은 경험을 했다고 해서 아이를 마음대로 할 수 없다. 무엇보다 이렇게 자기 생각이 명확한 아이라면 이젠 아이의 의견을 존중해줄 때다. 내면이 강한 아이는 스스로 결정하고 그 일에 대한 책임도 질 수 있다.

03
친구 관계에서 더욱 빛나는 아이의 자존감

자존감이 높은 아이들은 주변에 친구들이 많다. 혼자 있다고 해서 외로워하지도 않는다. 자존감이 높은 아이들은 내면이 꽉! 차 있어서 혼자 있는 시간조차도 놀잇감을 찾아서 갖고 놀 줄 안다. 자신의 눈에 놀잇감이 보이지 않는다면 어떻게 해서든 만들어서 가지고 논다. 혼자 놀고 있는데 친구가 와서 방해를 한다고 해서 불편해하거나 싫은 내색을 비추지도 않는다. 자존감이 높은 아이는 그런 아이다.

자존감이 높은 아이들에게 왜 친구들이 많은지에 대해 관찰한 적이 있었다. 도대체 왜 이 아이들 주변에는 항상 친구들이 많을까? 특징을 살펴보면 이렇다. 친구의 이야기를 잘 듣고 공감할 줄 아는 아이, 어떤 상황에서도 친구를 먼저 배려할 줄 아는 아이, 밝고 웃음이 많은 아이, 사회성이 뛰어난 아이들이다. 자신이 사회 속에서 잘 적응하기 위해 무엇을 어떻게 행동해야 하는지 잘 알고 있는 아이들이었다.

나는 논술 교사로 2년 정도 아이들을 지도한 경험이 있다. 지금도 그렇지만 10년 전에도 5학년 친구들은 시크함 그 자체였다. 자기 생각을 솔직하게 표현하고 싶지도 않고 자신들만의 세계에 있는 아이들이었다. 이런 아이들을 데리고 논술 수업을 하는 것은 쉽지 않았다. 기본적으로 독서토론 논술 수업을 하려면 등장인물에 대한 자기 생각을 이야기해야 했고, 인물이 한 행동에 대해 자신의 경험으로 분석하고 표현하려면 적어도 서로에게 솔직해야 했다.

수업을 하다 보면 아이들이 어떤 관점과 태도로 세상을 보고 있는지 고스란히 보인다. 단, 아이들이 솔직하게 오픈해서 수업에 참여할 때 가능하다. 나는 아이들이 서로 솔직하게 수업에 임해주길 기대하며 참여했다. 하지만 같은 학교에 다니는 이 다섯 명의 아이들은 단답형으로 대답했다. 'YES'나 'NO.' 더 이상 수업을 진행할 수 없었다. 나는 수업이 끝나고 아이들과 함께 닭꼬치도 사서 먹고, 개인별로 면담도 진행하면서 아이들의 속내를 알기 위해 노력했다.

그러던 어느 날, '가족'이라는 주제로 글을 쓰고 발표하는 시간이 있었다.

"누가 먼저 발표할까?"
"선생님, 제가 먼저 할게요."

5학년, 6학년 아이들은 자기 생각을 잘 말하지 않는다. 더구나 가족과 관련된 글쓰기를 또래 친구들에게 발표한다는 것은 쉽지 않은 일이다. 그런데 그 5명의 친구 중에서 한 녀석이 먼저 손을 들고 발표를 한단다. 의외였다. 서로 발표를 하지 않겠다고 미룰 것이라고 생각했기 때문에.

"우리 아빠와 엄마는 사이가 좋지 않다. 서로 각자의 방이 따로 있다. 아빠 방은 우리 집에서 가장 작은 방. TV와 아빠만의 소파가 있는 제일 작은 방이 아빠 방이다. 나는 아빠와 엄마가 대화한 것을 본 기억이 없다. 언제부터였는지 모르겠다. 그래도 엄마는 아빠의 밥은 차려주신다. 하지만 직접 아빠를 부르지 않는다. 꼭 나와 동생, 둘 중의 한 명은 불러서 아빠를 데리고 나오라고 한다. '아빠한테 식사하라고 말씀드려.' 나는 이 말이 진짜 듣기 싫다. 아빠 역시 엄마와 직접 대화를 한 적이 없다.

우리 집에서 나와 동생은 아빠, 엄마가 대화할 때 필요한 매개체일 뿐이다.”(생략)

민수는 자신의 글을 친구들 앞에서 발표하고는 울먹거렸다. 순간 정적이 흘렀다. 그리고 남녀 성별 구분 없이 친구들은 민수를 위로해주었다. 공부도 잘하고, 모둠 안에서 친구들과 잘 어울리는 민수에게 이런 고민 거리가 있으리라고는 생각도 못 했다.

다음 친구가 발표해야 할 차례가 되었지만, 아이들은 “선생님, 집에서 글을 써와서 다음 주에 발표하면 안 될까요?” 한다. 아이들이 왜 이렇게 말했을까? 나는 안다. 늘 그랬던 것처럼 아이들은 진솔한 글쓰기가 아니라 보여주기식의 글쓰기를 했던 것이다. 그날 수업이 끝나고 민수의 어머니와 상담을 진행했다. 역시 민수 어머님은 민수의 글쓰기를 보고 눈물을 흘렸다.

“내 감정만 생각했지. 아이들에게 상처를 주고 있다고는 생각하지 못했어요.”

그렇게 민수 엄마와 늦은 시간까지 상담하고 퇴근했던 기억이 있다.

이날 수업을 계기로 우리 모둠 아이들은 더욱더 끈끈해졌다. 우리만의 비밀도 생기고 다른 곳에서는 말하지 못하는 이야기들도 스스럼없이 했다. 나는 아이들과 진정으로 소통하며 아이들의 마음을 만져주었다.

지금 생각해보면 민수는 용감했다. 아이들이 서로 서먹한 사이였고, 누구라고 할 것도 없이 서로를 믿지 못하는 상황이었다. 그런 친구들 앞에서 자신의 상처를 드러낸다는 것이 쉽지 않았을 것이다. 하지만 민수는 친구들 앞에서 솔직하게 자신의 상황을 이야기하고, 우리 친구들은 민수를 위로했다. 그리고 한마음이 되었다. 민수가 용기를 낼 수 있었던 이유는 자존감이었다.

자기 자신을 믿는 마음. 자신이 한 행동에 어떤 대가가 따르더라도 책임질 수 있다는 생각이 있었기에 자신을 믿고 이야기한 것이다. 민수의 용기가 가정을 회복시키는 계기가 되었다. 이후 나는 이 아이들을 2년이 넘게 지도하며 성장을 지켜볼 수 있었다.

우리 아이가 1학년 입학했을 때의 일이다. 정말 딱, 눈곱만 한 크기의 작은 구슬을 꺼내며 말한다.

"엄마, 이거 친구 은송이가 빌려줬어."
"뭐라고? 빌려줘? 이것을? 왜?"

나는 이것저것 궁금한 것이 많았다. 아니, 더 솔직히 말하면 '이것을 왜 받아왔을까?' 하는 의문이 더 컸다. 어쩐지, 맘이 편치 않았다. 이해를 못 하는 것은 아니다. 아이가 유치원 시절에도 머리띠를 집으로 가져온 적도 있었다. 친구들 사이에 유행이어서 빌려왔다는 것이다. 서로 친한 친구들한테 자신의 물건을 빌려주는 것. 솔직히 이해할 수 없었지만, 아이들 세계에 있는 일이라니 일단 알았다고 하고 넘어갔었다. 물론 큰 문제가 생기지는 않았다.

그런데 눈곱 크기만 한 구슬은 그다지 달갑지 않았다. 분명 문제를 일으킬 것 같다는 느낌이 들었다. 더구나 아이와 대화한 날은 금요일이었으니 주말 동안 잘 보관한 다음에 월요일에 학교에 가져가야 했다.

"진아, 구슬 필통에 잘 넣어뒀다가 월요일 친구 만나면 주렴."

이렇게 아이를 단속시키고서 주말을 보냈다. 그렇게 월요일 저녁이 되었다.

"엄마, 나 친구한테 받았던 그 구슬을 잃어버렸어."

'어이구, 내가 그럴 줄 알았다. 애초에 왜 받아온 거야?'라는 말이 내 가슴속 깊은 곳에서 울려 퍼졌다. 하지만 나는 배운 엄마. 아무리 초보 엄마라 할지라도 생각한 것을 밖으로 내뱉을 수는 없었다.

"진아, 깜짝 놀랐겠다. 그래서 어떻게 했어?"
"친구가 생각해본대."

'아니, 도대체 뭘 생각해본다는 거지?' 나는 얼른 속마음이 들키지 않도록 딸에게 대답했다.

"엄마가 비슷한 것으로 사다 줄게. 아니면 다른 예쁜 핀이나 액세서리로 선물할까?"
"엄마, 내가 내일 학교에 가서 친구한테 다시 말해볼게."

다음 날이 되었다.

"엄마, 친구가 빌려준 것을 잃어버린 거니까 자기가 원하는 것으로 사달래."
"그게 뭔데?"
"친구들 사이에 유행하는 필통이 있는데."
"진아, 너는 어떻게 생각해? 그 필통을 사다 주는 게 맞는다고 생각하니?"

"아니. 아닌 것 같아."

"그럼, 어떻게 할까? 엄마가 그 친구 엄마한테 전화를 좀 해봐야 할 것 같아. 이건 아닌 거 같은데!"

나도 모르게 목소리가 격양되었다. '초등학교 1학년이면 아직 어린데, 벌써 이런 아이가 같은 학급에 있단 말이야?!' 내 내면의 목소리는 내게 소리쳤다. 그러자 딸아이는 내게 말한다.

"엄마, 내가 내일 학교에 가서 친구한테 다시 말해볼게. 내 일이니까 내가 해결할게."

"그러다 친구랑 해결이 안 되면 어떻게 할 건데?"

"엄마, 학급에서 일어난 일은 학교에서 내가 먼저 해결하는 거야. 그리고 해결이 안 되면 선생님께 말씀드리는 거라고 선생님께서 말씀하셨어."

"어. 그래."

난 딱히 할 말이 없었다. 아이가 하는 말이 다 맞는 말이기 때문이었다. 나도 모르게 내 아이 일이라는 이유로 너무 성급히 나설 뻔했던 사건이다. 물론 이 문제는 잘 해결이 되었다. 아이는 다음 날 학교에 가서 친구에게 원하는 필통을 사줄 수 없다고 말했다고 한다.

이 일은 이렇게 끝났지만 결국 이 아이와 2학년 때도 같은 반이 되었다. 그 친구는 친구들과 끊임없이 다툼이 일어났고 화두에 올랐던 이 아이는 결국 전학을 가게 되었다.

나는 이 사건을 계기로 '아이가 많이 컸구나.' 느꼈다. 품 안의 자식이라는 말이 무슨 말인지 조금은 알 수 있을 것 같았다. 아이의 말대로 초등학교 1학년이지만 결국 자신이 해결할 문제였다. 학교에서 일어난 일이니 학급에서 해결하는 게 맞다는 선생님의 말씀을 그대로 실천할 수 있는 아이. 엄마의 도움보다는 스스로 해결하려고 하는 아이. 우리 딸아이의 자존감이다. 이것이 친구들과의 관계 속에서 더욱 빛나는 아이의 자존감이다.

04
아이의 인성은 자존감으로부터 시작된다

사람은 각자 자신이 가지고 있는 것들이 일치할 때 서로 끌림이 있다고 한다. 나는 사람을 사귈 때도 아이들을 만날 때도 인성을 먼저 보게 된다. 어릴 적 나의 주 양육자는 조부모님이셨다. 늘 나의 할아버지는 말씀하셨다.

"어른이 식사를 마치기 전에 먼저 숟가락을 내려놓지 마라."
"집 밖을 들어오고 나갈 때는 인사를 해라."
"어른들을 만나면 인사를 해야 한다."

우리 할아버지는 예의범절을 중요시하셨다. 때로는 할아버지의 그런 가르침에 '왜?'라는 의문을 품은 적도 많았다. 하지만 나는 나의 조부모님을 존경하고 사랑했기에 그 가르침에 순응했다.

할아버지의 가르침은 결혼을 앞두고 빛을 발했다. 예비 시부모님께 인사를 하러 다녀와서 바로 '합격' 통보를 받았다. 이유는 간단했다. 인사하러 시댁에 온 날, 아버님께서는 잠시 외출을 하고 돌아오셔야 하는 상황이었다. 나는 당연히 어른이 나가시니 자리에서 얼른 일어나 문 앞에서 서서 인사를 드렸다. 그런 나의 모습에 아버님은 '가정교육이 잘되어 있으니 그냥 합격'이라고 말씀하셨다고 한다. '하나를 보면 열을 안다'는 옛 속담이 내게 힘을 준 날이었다.

나는 아이를 낳았고 양육자가 되었다. 나는 워킹맘이기에 아이가 다섯 살이 되던 해, 시부모님의 도움을 받기로 결정 후 시댁으로 거처를 옮겼다. 엄마가 퇴근해서 돌아올 때까지 우리 아이의 주 양육자는 조부모님이다. 남편의 자존감은 매우 높다. 그런 남편을 만든 것은 우리 시부모님이다. 그래서 교육에 관련해서는 한 치의 의심과 망설임 없이 부모님의 동의를 구하고 시댁행을 선택할 수 있었다.

시댁에 들어 온 후로 아이를 교육 기관에 보내는 일도 아버님께서 해주시고, 우리가 퇴근해서 돌아올 때까지 보육해주시는 분은 어머님이다.

'세 살 버릇 여든 간다'는 말을 나는 중요시 생각했다. 어릴 때 아이에게 제공된 교육 환경이 성인이 되어서도 영향을 미친다는 것도 너무나 잘 알고 있기 때문에 나 역시 나의 조부모님께 배운 대로 아이를 교육했다.

"진아, 아빠나 엄마가 퇴근하고 돌아오면 인사하는 거야. 할아버지, 할머니께서 외출했다가 돌아오실 때도 인사하는 거고."
"네."

어찌나 대답도 예쁘게 잘하는지. 계속 그렇게 가르침대로 클 줄 알았다. 그런데 어느 날, 아이의 자아가 발동했다. 여느 날처럼, 퇴근해서 돌아오면 할아버지 할머니랑 같이 놀고 있다가도 현관으로 달려와 "엄마, 안녕히 다녀오셨어요?" 이렇게 배꼽 인사를 하던 딸이었는데 무엇이 심통 났는지, 안방에 가만히 앉아서 나오지 않는 것이었다. 정말 감사한 것은 나의 시부모님은 내가 아이를 양육할 수 있도록 항상 내게 먼저 기회를 주신다는 것이다. 나는 신발을 벗고 들어가 아이와 눈을 마주쳤다.

"아가, 엄마 왔는데 인사해야지."
"왜 할아버지랑 할머니랑 아빠 엄마는 내가 왔다 갔다 할 때, 나한테 똑같이 배꼽 인사 안 하는데 나는 이렇게 많이 인사해야 해? 나만 이렇게 매일매일 인사해야 하잖아요."

뭔가 억울해하는 딸아이의 말이다. 한편으로 귀엽기도 하지만, 이렇게 나의 예절 교육을 끝낼 수도 없고, 나의 훈육을 시부모님께서 지켜보고 계신다는 생각에 조바심마저 들었다. 교육 서비스 관련 업무를 하고 있는 나였지만, 처음 하는 육아는 쉽지 않았다. 부모 교육 세미나를 운영하고, 지식을 전달하는 일과는 차원이 달랐다. 심지어 아이 훈육을 여기서 포기하게 될까 두려웠다. 다른 것은 몰라도 내가 나의 조부모를 공경하고, 조부모로부터 받았던 가정교육을 아이에게 그대로 교육해주고 싶었다. 나는 늘 진심은 통한다고 생각해왔었고, 아이 교육에도 진심이었다. 마음 그대로 진솔하게 아이와 대화를 시도했다. 아이에게 다섯 살 수준에 맞추어 설명해주었다.

다행히 아이와의 대화는 성공적이었다. 우리 아이에게도 내가 나의 조부모님에게 느꼈던 신뢰와 사랑이 전달되었을 것이다. 그래서 엄마의 가르침을 따라주었으리라 믿는다. 우리 아이는 열한 살이 된 지금도 인사 실천은 잘하고 있다. 내가 그날 아이에게 설명 없이, 무조건 강요만 했다면 어땠을까? 아이의 눈높이에 맞춰, 다섯 살 수준으로 대화를 하지 않았더라면 어땠을까?

우리 아이의 인사는 여기서 끝나지 않았다. 쇼핑하고 물건을 사고 나올 때도 우리 아이는 인사를 참 잘한다. 물론 나 역시 인사하는 것은 놓치지 않는다. 그것은 상대를 위한 배려이고 감사함의 표현이다. 아이가 보든 보지 않든 그것은 '나'를 위해 하는 일이다.

우리 딸 역시 할아버지와 할머니로부터 예절을 배웠다. 또 인사만은 정중하게 해야 하는 엄마의 같은 가르침을 받았기에 동네에서도 인사를 참 잘한다. 한번은 아이와 함께 물건을 사서 나오는데 아이가 내게 말한다. 엄마는 왜 어른들한테 "수고하세요."라고 말하냐는 것이다. "수고하세요."라는 말은 계속 수고하고 있으라는 말이니, "안녕히 계세요."라는 말이 맞다고. 이제는 다 커서 엄마를 가르치는 딸이 되었다. 나는 바로 문제를 인정하고 실행에 옮겼다. 나 역시도 알고는 있었지만, 습관처럼 배어 있던 말이었는데, 그날 이후 바로 바꿀 수 있었다.

아이의 인성을 교육한다는 것은 부모와의 신뢰 관계가 형성되어 있어야 가능하다. 더구나 이제 열한 살이 되어 자기의 자아가 완성된 시점에는 상하 관계가 아닌 평등 관계로 아이와 대화를 할 수 있어야 한다. 아이가 엄마에게 솔직하게 대화하고, 자신의 의견을 말할 수 있는 환경을 제공하는 것도 엄마의 역할이다.

아이들이 유치원에 입학하면서 본격적인 사회성이 드러난다. 각자 다른 환경의 가정에서 자란 아이의 태도와 습관을 통해 아이의 인성을 볼 수 있다. 우리가 잘 아는 말 '아이는 엄마의 거울이고, 엄마를 보면 아이가 보인다'는 그 말을 교육 현장에 있는 사람들은 다들 알고 있는 말이다. 꼭 교육 현장이 아니어도, 아이 친구들의 태도를 보면 그 아이의 부모는 어떤 사람일까? 궁금하게 되고, 만나게 되면 결국 일치되는 부분을 찾게 되기 마련이다. 우리가 '아이의 인성이 바르다.'라고 하는 경우는 아이가 바른 태도를 갖거나 바른 행동이나 올바른 말을 하게 될 때이다.

보통 인성에 대한 이야기는 가족이 아닌 또 다른 사회 구성원으로부터 듣게 된다. 인성은 사회성에 반영된 일부분이다. 아이들은 세상에 태어나 가정으로부터 작은 사회를 경험한다. 가정 안에서 제대로 된 교육과 훈육이 있을 때 아이들은 그 경험을 바탕으로, 또 다른 사회인 친구들과의 관계 속에서 혹은 학교, 기관에서 실천할 수 있다.

인성이 바른 아이들은 다른 사람의 입장을 생각하고 배려하는 힘을 가지고 있다. 한번은 우리 팀내 원장님이 운영하는 교습소를 방문했을 때다. 초등학생부터 중학생까지 나를 보고 인사를 너무나 정중하게 하는 것이다. 배꼽에 손만 갖다 대지 않았지 배꼽 인사를 하고 있었다. 저학년은 그럴 수 있다. 그런데 초등 고학년, 중학생들이 어른을 보고 그리 인사하는 일이 흔하지는 않다. 그때뿐인 줄 알았는데, 그 원장님이 운영하는 교습소에 갈 때마다 아이들이 늘 그렇게 인사를 한다.

아이들과 학원장님과의 사이에 신뢰가 쌓여 있기 때문에 고학년일지라도 이렇게 훈육이 되는 것이다. 진심으로 마음을 알아주는 사람이 해주는 말에만 아이들은 신뢰를 갖고 실천한다. 이 아이들은 원장님과 일차 신뢰가 형성된 것이고, 원장님의 가르침에 따라 외부의 방문객인 나에게도 그렇게 인사를 할 수 있었던 것이다.

어떤 아이들을 보고 인성이 바르다고 생각하는가? 각자가 생각하고 있는 그 기준에 비추어볼 때, 내 아이의 인성은 바르다고 생각하는가? 그렇지 않은 이유는 무엇인가? 그럼 나는 내가 생각하는 인성의 기준을 두고 살아가고 있는가? 아이에게 그 기준을 보여준 적이 있는가?

인성이 바른 아이로 성장시키는 데 필요로 하는 부분이 자존감이다. 아이 스스로 자신을 사랑하는 마음, 자신을 존중하는 마음, 자신을 믿는 마음으로 내면이 꽉 차 있을 때 아이는 세상을 보는 눈이 생긴다. 그리고 사회에서의 역할을 찾으며, 행동으로 옮길 수 있다.

그 과정에서 넘어질 수도 있다. 그러나 다시 일어나서 도전할 수 있다. 이런 힘이 생기는 것이 자존감이며, 이런 자존감을 만들어주는 역할을 하는 것도 엄마이다. 이렇게 자존감이 형성되어 있을 때, 아이는 바른 인성을 갖추고 도전할 용기와 힘도 생기는 것이다.

두려움 없는 아이로 성장시킨다

이지성의 『내 아이를 위한 칼 비테 교육법』을 보면, 19세기 독일의 세계적인 천재 법학자를 길러낸 아버지, 발달 장애를 보이는 미숙아로 태어난 아들을 천재로 키운 아버지인 칼 비테가 아이에게 절대 가르치지 말라고 했던 감정이 있다. 바로 공포와 두려움이다.

칼 비테의 언급처럼 공포와 두려움은 아이들에게 가르치지 말아야 할 감정이다. 그런데 우리는 어떤가? "나는 부모로서 우리 아이에게 공포와 두려움을 말한 적이 없다!"라고 자신 있게 말할 수 있는 부모가 있을까? 우리는 아이에게 공포와 두려움이라는 감정을 대화에서 전달하고 있다.

"이슬아, 너 그렇게 공부 안 하다간 대학 못 간다."

"너 그렇게 게임만 하다가 이번 시험에서 꼴찌 하겠다."

"나중에 커서 후회하지 말고 지금 해."

혹시 오늘 내가 사용한 말은 아닌지 생각해보길 바란다. 나도 모르게 어릴 때부터 내 부모한테서 들어온 말을 자연스럽게 내 아이에게 하고 있는 것은 아닐까? 대화를 이어가보자.

"너 그렇게 게임만 해봐. 오늘 저녁 없다."

"왜 그러니, 진짜? 그만 좀 하라고."

일상에서 우리가 하는 대화는 아닌가? 왜 이런 말을 했는지 부모들에게 물어보면, 다 자식을 위해서라고 말한다. 아이가 잘되길 바라는 마음에서 했던 말이다. 상황을 제대로 들여다보려면 객관적으로 봐야 한다.

과연 이렇게 말하는 엄마의 태도가 아이를 위한 말이고 생각일까? 내가 어린 시절 해야 할 일을 제대로 하지 않았을 때, 부모한테서 들었던 말을 그대로 사용하고 있는 것은 아닐까? 내가 당시 느꼈던 그 감정. 불안감, 불만, 걱정 이런 감정을 내 아이에게 그대로 전해주려는 목적이 아니라면 당장 이런 불안을 일으키는 말들은 멈춰야 한다.

아이가 통제가 안 되는 경우, 오히려 아이 스스로 잠시 멈추고 생각하는 시간을 갖게 해주길 바란다. 아이가 주도적으로 학습하는 환경을 제공해준다면 엄마는 아이에게 부정적인 말을 하지 않아도 되고, 아이 또한 두려움과 걱정이라는 감정을 느끼지 않아도 된다. 결국 엄마도 아이도 불필요한 에너지를 발생시키지 않아도 된다.

아이들은 초등학교에 입학할 때 최고의 두려운 감정을 느낀다고 한다. 성인의 감정과 비교했을 때, 부모의 죽음에서 느낄 수 있는 정도의 스트레스를 아이들은 초등학교 입학할 때 느낀다. 그도 그럴 것이, 미취학 아이들은 유치원, 어린이집 등 시설에서 행동하는 많은 부분은 수용하며 넘어간다. 물론 가정에서도 마찬가지다.

하지만 학교에서는 그렇지 않다. 새로 입학한 학교에서는 사회생활의 첫걸음을 배운다. 공동체에서 규칙을 지켜야 한다. 학교에선 아이들이 할 수 있는 행동 범위가 정해져 있다. 물을 마시고 싶다면 쉬는 시간에 해결해야 한다. 화장실도 꼭 쉬는 시간에 가야 한다. 만약 수업 시간에 화장실에 가고 싶다면 공개적으로 손을 들고 선생님의 허락을 받고 다녀와야 한다. 어린이집이나 유치원에서는 비교적 자유로웠겠지만, 교실이라는 공동체 공간에서 손을 들게 되면 모든 아이의 이목이 집중된다. 취학 전과는 다르게 아이에게는 창피함이 생기고, 두려움까지 느낄 수 있다.

우리 아이 1학년 담임 선생님과 학부모 설명회가 있던 날이었다. 당시 우리 딸아이의 선생님은 초등학교 1학년 담임을 몇 년째 해오신 분이시다. 그래서 누구보다 1학년 아이들을 잘 알고 계셨다.

"우리 반 아이들과 규칙과 약속을 몇 가지 정했습니다. 어머님들도 이를 잘 지켜주시기 바라며 당부드립니다. 저는 몇 년째 1학년 담임을 하고 있습니다. 부모님 품을 떠나 학교에 첫 교육 기관에 입학한 우리 아이들은 교실에서 종종 실수를 하기도 합니다.

미처 화장실을 가지 못해서 자리에서 소변을 누기도 합니다. 저는 우리 반 아이들에게 미리 이야기했고, 그런 친구가 있더라도 서로 이해하고 집에 가서도 말하지 않기로 약속했어요. 우리 아이들은 약속을 잘 지킵니다. 그런데 간혹 어머님들께서 지켜주지 않는 경우가 발생해서 문제가 되기도 합니다. '우리 반 아이들이 다 내 아이다.'라고 생각하시며 약속을 잘 지켜주시길 당부드립니다.

그리고 한 가지 더, 4월이 되면 결석하는 친구들이 많이 발생합니다. 배가 아프다거나 머리가 아프다거나 그럴 수 있어요. 처음 새로운 환경에 접하는 아이들이니 어머님들께서 많이 지켜봐주시고, 칭찬해주시고 격려해주시길 부탁드립니다. 그래야 아이들이 학급에 잘 적응할 수 있습니다."

선생님의 말씀만 들어도, 아이들이 1학년에 입학할 때의 스트레스와 두려움의 강도가 어느 정도인지 느껴진다. 아이가 초등학교 입학을 앞두고 있다면, 이 내용을 토대로 아이를 잘 관찰할 필요가 있다.

담임 선생님의 말씀을 참고하여 나는 딸아이를 관찰했다. 경험이 중요하다. 나 또한 사교육 시장에서 15년을 보내며, 매년 아이를 입학시키는 엄마들과 상담을 할 때마다 엄마들이 가진 긴장감을 느꼈다. 설명회를 할 때마다 취학 전 준비사항에 대한 크나큰 관심을 보았다. 항상 내가 했던 설명회의 결론은 다음과 같다.

"걱정하지 마세요. 아이들 생각보다 1학년 생활을 잘 해냅니다. 지금처럼 아이들에게 관심과 사랑을 주세요. 지금껏 잘하셨고 앞으로도 잘하실 겁니다."

그런데 막상 우리 아이 1학년을 입학시키고 나니, 왜 이렇게 궁금한 것도 많고 준비할 것도 많고, 신경을 쓸 것도 많은지! 역시 경험을 해봐야 안다. 그동안 내게 수없이 질문해왔던 예비 초 1학년 엄마들을 만나보고 싶을 지경이었다. 여러 권의 책을 읽으며 다시 내 마음을 정리하기 시작했다.

그렇게 입학 후 3월이 끝나갈 즈음, 담임 선생님과 면담이 있었다. 어떤 말을 해야 할까? 어떤 옷을 입고 가지? 어떤 백을 들어야 하지? 주변

맘들로부터 들었던 말들이 워낙 많았기에 이것저것 별것까지 신경을 쓰며 준비했다. 드디어 선생님과의 면담이 진행되던 날.

"진이 어머님, 진이가 지금까지는 너무 잘하고 있습니다. 3월 말부터 4월 초까지 아이들이 적응하고 긴장이 좀 풀어지면 결석하는 친구들이 생길 거예요."

다행히 우리 아이는 크게 변화 없이 학교생활에 잘 적응할 수 있었다. 무엇보다 아이는 새로운 환경인 학교에 가는 것을 즐거워했다. 매일 늦잠 자던 어린이가 학교에 입학하고 나서는 일찍 잠자리에 들었다. 하지만 달리 생각해보면, 아이 나름대로 긴장을 하며 하루를 보냈기에 그 긴장이 풀어져서 일찍 잠자리에 든 것이다. 얼마 지나지 않아 아이는 다시 늦잠을 자기 시작했다.

그래도 학교에 대한 즐거움과 기대감 덕분에 아침에 일어날 때는 기분 좋게 일어날 수 있었다. 늘 긍정적인 아이들의 내면에는 두려움이 없다. 앞으로 일어날 일에 대한 두려움보다는 즐거움에 대한 상상으로 가득 차 있다. 새로운 환경에도 잘 적응할 수 있다. 이 글을 읽는 독자 중 예비 초등학생 엄마가 있다면, 무엇보다 아이의 내면을 긍정으로 채워 학교생활에 잘 적응할 수 있게 하길 바란다.

그렇게 1학년을 보내고 학년이 새롭게 바뀔 때마다 아이들은 새로운 교실, 새로운 선생님, 새로운 친구들을 만난다. 그러면서 어김없이 아이들은 반 배정이 나면 서로 몇 반이 됐는지를 묻는다. 학년이 종강하는 날이면 엄마들 카톡방에도 불이 난다. 서로 몇 반이 됐는지, 누구는 몇 반이 됐는지 엄마 역시도 너무 궁금하기 때문이다.

학교생활을 하는 것은 아이들인데, 왜 엄마들이 학급을 궁금해하는 것인가? 문제를 일으키는 아이, 수업을 방해하는 아이, 장난이 심한 아이 등등 그 아이들이 몇 반이 되었는지가 궁금한 것이다. 내 아이만은 그 아이들과 같은 반이 되지 않길 바라는 엄마 마음이다. 그다음 궁금한 것은 어떤 선생님을 만나냐는 것이었다.

엄마들뿐만 아니라 귀여운 우리 아이들도, 너나없이 서로 몇 반인지 궁금해한다. 친구들 잘 사귀는 아이들조차도 서로서로 몇 반인지가 궁금하다. 학년이 바뀌어 새로운 환경에 적응하기 앞서 떨리는 마음 하나, 두려운 마음 하나도 있을 것이다. 새로운 환경에 적응하기 어려운 아이들, 친구를 사귀는 것이 쉽지 않은 아이들은 새 학년을 앞두고 스트레스가 극에 달하기도 한다. 반 배정을 받고, 집으로 돌아오는 순간 몇 반인지 잊어버린다. 하지만 자존감이 높은 아이들은 새로운 환경에 적응도 잘하고 친구를 사귀는 데 있어서 어려움이 없다.

06

적극적인 사회성을 길러준다

2020년 상반기. 전혀 예상할 수 없었던 '코로나19 바이러스'가 전 세계를 대혼란으로 휩쓸어버렸다. 범유행 현상으로 우리의 삶은 이전과 많이 달라져야 했다. 물론 글을 쓰고 있는 지금도 코로나19 바이러스 유행은 끝나지 않았다.

'범유행 현상'은 세계보건기구(WHO)의 전염병 경보 단계 중 최고 위험 단계다. 처음 '코로나19'를 접한 사람들은 먹고사는 것에 대한 고민을 해야 했다. 실제 경기 불황으로 자영업자들의 폐업이 속출했고, 직장인들도 출근 대신 재택이라는 대안을 찾아야 했다.

또한 교육에 대한 문제를 해결해야 했다. 전국의 학교들은 EBS의 도움을 받아 온라인 수업으로 대체했고, 발이 빠른 학교들은 실시간 화상 수업을 도입해서 아이들의 교육 문제는 해결되었다.

하지만 아이들의 교육은 지식을 전달하는 게 전부가 아니다. 아이들은 학교라는 공동체에서 선생님을 만나고, 친구들을 만나고 여러 가지 문제에 부딪치고 그것을 해결하는 과정에서 사회성을 배운다. 문제는 바로 이것이다.

열혈 부모가 많은 대한민국에서는 아이들의 지식을 채우고자 학원과 교습소를 선택해서 보냈다. 그러나 정말 우리가 걱정해야 하는 것은 아이들의 사회성이다. 어느 학원과 교습소를 찾아가도 학교만큼 아이들이 시간을 많이 보내는 곳은 없다. 또한 일반적인 사교육의 경우 목적은 지식을 전달하는 것이기에 아이들의 사회성과 정체성까지 책임져주지는 않는다.

나 역시 우리 아이를 대형 학원에도 보내고 개인 과외도 방문 학습도 시켰다. 또 많은 교사 후보자를 면접 보고 육성하고 지도했다. 그중에는 교사의 사명 정신이 명확한 분들도 있지만 그렇지 않은 경우도 더러 있었다.

하지만 아쉽게도 이런 현상 가운데 부모 중 일부는 오히려 학교에 가지 않는 이 상황이 안정적이라고 말하기도 한다. 아이들이 평소 학교에서 많이 치인다고 생각했던 부모들이다. 학교 폭력도 덜할 것이고, 아이가 스트레스를 덜 받을 수 있으니 일부 다행이라는 것이다. 이런 부모들에게 나는 이렇게 말한다.

"배움에도 때가 있습니다."

어린 시절 겪은 다양한 경험으로 아이들은 앞으로 미래를 계획한다. 스스로 해야 할 일과 하지 말아야 할 일. 친구 관계에서 친해지기 위해 자신이 어떻게 행동해야 하는지를 배울 기회이다. 세계적인 경영 컨설턴트이자 강연가인 브라이언 트레이시는 이렇게 말했다.

"당신의 삶의 모든 경험은 당신이 앞으로 나아가는 데 필요한 것을 가르쳐주기 위해서 준비된 것들이다."

아이들에게 다양한 경험을 할 수 있도록 기회를 주는 것도 엄마의 역할이다. 어릴 때 다양한 경험을 통해 실패도 경험하고 성공 체험도 하면서 자신의 내면을 단단하게 하는 것이다. 이때 실패가 많다고 걱정할 필요도 없다. 실패한 만큼 아이의 내공은 단단해질 테니까 말이다. 단, 이때 엄마의 역할은 중요하다. 엄마의 말, 엄마의 태도에 따라 실패가 성공으로 가는 발판이 될 것인지, 실패로 두려움을 쌓을 것인지가 결정된다.

다양한 경험을 통해 자신의 내면을 단단하게 채운 아이들은 어떤 상황에서든지 적극적인 행동을 한다. 어떤 상황을 마주쳐도 당당하게 받아들일 준비가 되어 있는 것이다.

적극성을 가진 아이들은 대체로 사회성이 뛰어나다. 적극적으로 생각하고 행동할 줄 아는 아이 중에는 리더가 많은 이유다. 학급의 회장이나 부회장으로 선출된 아이들이 대체로 이런 유형에 속한다. 다른 친구들이 나를 어떻게 생각할까를 고민하지 않는다. 자신의 내면이 시키는 대로 새로운 도전과 모험에 앞장서는 것이다.

적극적인 아이들은 긍정적인 삶의 태도를 바로 세우고, 다양한 경험을 쌓는다. 경험을 바탕으로 새로운 친구들을 사귄다. 친구들도 많다. 정확히 말하면 친구를 사귀는 법을 잘 알고 있다.

새로운 친구를 사귀는 데 있어서 두려움이 없는 이 아이들은 다양한 유형의 친구를 사귀게 된다. 그것이 발판이 되어 친구 다루는 법도 잘 알게 된다. 이런 유형의 친구들은 여행지에서도, 학원에서도 본인의 필요에 따라 친구를 잘 사귄다. 심지어 우리 딸아이의 경우, 찜질방에서도 친구를 사귀어 같이 논다.

딸아이가 여덟 살 때쯤 일이다. 한번은 사촌 동생과 함께 키즈 카페에서 신나게 놀고, 목욕탕을 함께 갔었다. 한 살 터울인 해주와는 어릴 때부터 친하게 자주 놀았다. 여행지에 가서도 친구를 쉽게 사귀는 우리 아이는 그날도 어김없이 새 친구에게 흥미를 보였다.

목욕하고 있는데, 사촌 동생 해주의 표정이 안 좋았다. 왜 그런지 상황을 살펴보니 딸아이가 다른 낯선 아이와 이야기를 하고 있었다. 혼자 온 친구가 있길래 이름도 물어보고 어디 사는지도 질문을 했다고 한다. 그랬더니 꼬마 어린이가 "언니!" 부르며 우리 딸아이를 따라다닌 것이다. 물론, 처음 있었던 일이고 해주의 입장도 생각해보게 하면서 상황은 잘 정리되었다.

아이들은 어른들과 달리 쉽게 친구를 사귈 수 있다. 어른의 경우 낯선 사람을 만나게 될 때 상대방의 이름을 묻고, 나이를 묻고, 직업을 물어보는 것이 실례로 받아들여질 수 있다. 그러나 아이들은 친구를 사귀면서 이렇게 상대방에 대한 정보를 묻는 것은 물 흘러가듯 자연스러운 행동이다.

"넌, 이름이 뭐야?"
"어느 학교 다니니?"
"뭘 좋아하니?"

이렇게 상대방에게 질문하면서 호감을 나타내고, 상대에 대한 정보를 수집한다. 그럼 상대방은 자신에 관한 관심의 표현을 받아들여 마음의 문을 열고 친구가 되는 것이다. 한번은 새로운 학원을 등록하고, 마치고 온 딸이 이렇게 말한다.

"엄마, 나는 친구 사귀는 게 참 쉬워. 그냥 '이름이 뭐야? 어느 학교 다녀? 뭘 좋아해?' 이렇게만 물어보면 친구들은 다 대답해주고 친구가 될 수 있어."

물론 이렇게 이야기했다고 친구 관계가 형성되는 그것은 아니다. 그동안 친구를 사귄 경험을 바탕으로 친구를 배려하는 말과 행동을 할 때 비로소 진정한 친구가 될 수 있는 것이다.

〈한겨레신문〉 사회교육 면에 소개된 '우리 아이 사회성 높이는 5가지 방법'에서 박진균 소아·청소년 정신건강의학과 전문의는 이렇게 말한다.

"소심한 아이, 덤벙대는 아이, 으스대는 아이, '안 돼'라고 말하지 못하는 아이, 사회적 기술이 부족한 아이 등 다양한 기질의 아이들이 친구 사귀기에 어려움을 겪는다. 아동기의 사회성 문제는 자존감의 저하, 자아

정체성 수립의 어려움 등을 야기하고 나아가서는 어른이 되어서도 '고독한 문외한'으로 만들어 사회적 성공에 걸림돌이 될 수 있다."

우리는 아이가 적극적인 태도로 친구를 사귈 수 있도록 다양한 경험을 제공해야 한다. 적극적이고 열린 마음으로 친구에게 먼저 다가갈 수 있도록 기회를 만들어주면 된다.

먼저 아이는 자신에 대해 잘 알고 있어야 한다. 친구의 말을 경청하고, 공감할 수 있어야 한다. 배려할 수 있어야 한다. 겸손한 자세로 자기 생각을 적극적으로 말할 수 있어야 한다. 친구를 향해 조건 없는 친절을 마구 베풀기보다는 거절하는 방법도 알아야 한다. 우리 아이의 다양한 태도는 다양한 경험을 통해서 성장시켜 줄 수 있다. 부모의 열린 마음과 적극적인 태도 역시 필요하다.

자존감이 있다면 거절을 두려워하지 않고 친구에게 쉽게 다가간다. 자존감이 높은 아이는 적극성이 뛰어나고, 적극적인 아이는 사회성을 길러줄 수 있다. 이 사회성은 앞으로 성인이 되었을 때 우리 아이가 무엇을 하든 든든한 힘이 되어줄 것이다. 대한민국에서 목소리를 낼 수 있는 중심에 설 수 있도록 우리 아이의 적극적인 태도에 엄마들이 힘을 보태주자.

07

자존감은 부모가 줄 수 있는 최고의 선물이다

아이를 처음 품에 안았을 때의 기억을 나는 잊지 못한다. 나뿐만 아니라 세상의 모든 부모가 나와 같을 것이다. 남자들도 아이를 처음 품에 안았을 때 비로소 아빠로 다시 태어난다고 한다.

소중한 내 아이를 위해, 부모가 줄 수 있는 세상 최고의 선물은 무엇인가? 많은 부모는 아이가 태어나면서부터 성장할 때까지 아낌없는 지원을 하지만, 아이가 성인이 된 이후에도 줄 수 있는 선물이 있을까? 한때는 맘카페에서 아이를 위한 청약통장 만들기가 유행이었다. 당장 사용하지 못하지만 아이가 성인이 된 후 유용하게 사용하게 될 것을 기대하며,

갓 태어난 아이 앞으로 된 통장을 만드는 것이다. 우리는 아이를 사랑하는 만큼 준비하고 또 준비한다.

나 역시도 '내 아이를 위해 무엇을 준비해줘야 할까?'를 끊임없이 고민했다. 아이는 내가 살아온 삶보다 더 나은 삶을 살아가길 바라는 마음이 가득했다. 내가 무엇을 줘야 할까? 내가 세상에 없더라도 우리 아이가 세상에 잘 적응하고 살아가기 위해 무엇이 필요할까?

그것은 바로 행복한 인생을 살아가기 위한 삶의 태도였다. 내가 여태껏 살아오면서 보고 느끼고 생각한 것을 그대로 내 아이에게 전해주고 싶었다. 말 그대로 아이에게 좋은 것만 보여주는 것이 아닌 내가 그동안 살아오면서 보고 느끼고 생각한 것, 그러면서 깨달은 것과 후회했던 것, 다시 재적용해볼 수 있었던 모든 내용을 담아 아이에게 선물해줘야겠다는 생각이 들었다.

그중에서도 아이를 위해 가장 필요한 것이 무엇일까? 우리 아이가 아이를 낳으면 그 아이를 잘 키울 수 있도록 지침서를 하나 만들어주고 싶었다. 그것이 이 책이 될 것이다. 결국 아이는 부모의 영향력 안에서 성장하는 것이기 때문이다. 아이는 부모의 유전적인 요소와 외부 환경의 자극으로 자신의 인격을 형성하고, 삶의 가치관을 확립한다. 이 가운데 빠질 수 없는 것이 아이의 자존감이다.

"아이에게 줄 수 있는 선물 딱! 한 가지만 선택하라!"

신이 내게 이렇게 질문한다면, 당신은 사랑하는 아이를 위해 무엇을 줄 것인가? 무엇을 생각하든 그것은 자신이 가지고 있는 가치가 반영된 것이다. 돈을 우선시한다면 재산을 선택했을 것이고, 지식을 중요시한다면 당신은 교육을 이야기했을 것이다.

나는 아이가 세상을 살아가는 힘을 스스로 선택하고 살아갈 수 있도록 자존감을 선물해주고 싶다. 내면이 단단한 아이는 힘든 환경에 놓이더라도 지혜롭게 상황을 잘 헤쳐 나갈 수 있다는 확신이 있기 때문이다. 어려움을 만나 지혜가 필요할 때라면 책을 통해 실행력을 높이고자 행동할 것이다. 문제를 해결하고자 누군가의 도움이 필요하다면 혼자 끙끙대지 않고 도움을 요청할 힘도 있을 것이다.

박지원의 한문 소설 『허생전(許生傳)』을 보면, 글만 읽던 허생이 아내의 불평을 듣고 집을 나간다. 그 후, 갑부 변 씨(卞氏)에게서 돈 10,000금(萬金)을 빌어다 장사하여 돈을 벌고 돌아와 변 씨의 빚을 갚는 이야기가 나온다. 물론 변 씨 갑부는 호락호락 돈을 쉽게 빌려주는 사람이 아니지만, 허생의 당당함에 믿고 돈을 빌려주게 된다.

등장인물 허생이 자존감이 낮았다면 당당하게 돈 많은 변 씨를 찾아가 돈을 빌릴 수 있었을까? 우리가 잘 알고 있는 위대한 인물들도 지도력을 비롯하여 엄청난 경험과 지혜가 쌓여 많은 업적을 남길 수 있었을 것이다. 하지만 그 중심엔 자신을 믿고, 존중하고, 자신을 사랑하는 마음을 갖춘 내면이 단단한 사람들이었기에 했다.

다시 일어날 힘, 무엇인가를 도전할 수 있는 일, 새로운 환경에 적응할 수 있는 용기, 다른 사람을 용서하고 이해할 수 있는 마음, 심지어 내가 아닌 남을, 나와 함께 사는 가족을 사랑하는 마음 또한 내가 나를 바로 보고 사랑할 수 있을 때 비로소 할 수 있다.

아이를 사랑한다면, 평생 살아갈 힘! 바로 자존감을 선물로 주자. 자존감은 부모만이 키워줄 수 있는 선물이다. 최연소로 대통령에 당선된 존 F. 케네디는 대통령이 된 후 어머님 로즈 케네디에 대해 이렇게 말했다.

"대통령이 되기 위한 준비 단계란 없다. 다만 내가 남에게 배운 것 중에서 도움이 될 만한 것이 있다면, 그것은 모두 어린 시절 어머니가 가르쳐주신 것이다."

9남매를 길러낸 어머니 로즈는 아이들을 식탁에서 교육했다. 식탁은 식사만 하는 것이 아닌 인성을 훈련하는 자리였다고 한다. 식사 시간을 활용한 자녀 교육법은 영국의 오랜 전통이다. 로즈 케네디는 회고록에서 이렇게 말했다.

"내가 자식들에게 물려주고자 하는 것은 대부분이 내가 나의 부모님에게 물려받고, 나의 부모님들은 그들의 선친에게 물려받은 것들이다."

결국 명문가 부모들은 자녀들에게 인성과 성품을 물려주었다. 물려줄 유산이 많으니 눈에 보이지 않는 것들을 가르쳐준 것일까? 물론 그들은 물려줄 것이 많기 때문에, 자신들이 중요하다고 생각하는 가치가 잘 유지 관리될 수 있길 바라기 때문에 내면의 가르침을 중시했다. 물려줄 재산이 없다면 더욱 아이가 내면을 단단히 할 수 있고 세상을 잘 살아갈 수 있는 힘을 가르쳐야 한다. 이젠 너무나 많은 사람이 이야기해서 다 알고 있는 이야기다.

공부를 잘하는 아이들, 학교 성적이 우수한 아이들, 학업 성취도가 높은 아이들 모두 자존감이 높은 아이들이다. 이 아이들은 자신을 잘 알고, 자신이 무엇을 원하는지 어떤 목표로 공부를 해야 하는지를 너무도 잘 알고 있다.

여기에 자신의 가치를 높게 평가하며, 남과 비교하지 않는 마음, 자신을 존중하고 사랑하는 마음이 가득 찬 아이들은 꿈을 향해 지금 갖고 싶은 것들을 잠시 내려놓고 목표를 향해 나아갈 수 있고, 결국 도달했을 때 그 꿈을 이루는 성취감 또한 맛볼 수 있다.

하지만 자신이 누구인지, 무엇을 원하는지, 공부에 대한 방향이 제대로 설정되어 있지 않는 아이들은 결국 원하는 성적이 나오지 않았을 때, 상상도 할 수 없는 끔찍한 일을 저지르고 만다.

글을 읽고 있는 부모라면, 내가 가지고 있는 최우선 순위의 가치가 무엇인지 다시 생각해보길 바란다. 내가 생각하는 가치를 분명 나는 내 자녀에게 지금 가르치고 있을 것이다. 혹시 이런 생각을 한 번도 해본 적이 없다면 이 책을 읽는 동안 그 가치를 발견하게 되길 바란다. 그리고 그 가치를 자녀 교육으로 선물해주면 된다.

세계적인 강연가이자, 동기부여가 브라이언 트레이시의 『잠들어 있는 성공시스템을 깨워라』에서는 "사람은 태어나서 처음 보냈던 5년간을 극복하는 데 50년을 보낸다."고 말한다. 또한 아이가 충분한 사랑을 받지 못하면 자신의 가능성을 실현하는 것보다 평생 사랑을 찾아다니는 경향이 있다고 한다.

"부모가 아이에게 베풀 수 있는 최고의 친절은 아이가 삶에서 가장 중요하게 여기는 사람에게서 완전한 사랑을 받고 있다고 느끼는 환경을 만들어줌으로써 성장하고 성공하는 데 필요한 사랑과 정서적인 지원을 제공하는 것이다."

—브라이언 트레이시, 『잠들어 있는 성공시스템을 깨워라』

또, 성장하는 아이들은 자신이 받은 사랑의 양과 질에 비례해서 건강한 성격을 계발한다. 식물이 성장하려면 햇빛과 비가 필요하듯이 아이에게는 사랑과 양육이 필요하다.

부모는 아이들의 거울이다. 아이는 부모를 보고 자란다. 그래서 우리는 바른 양육 태도와 가치관을 가지고 아이들을 훈육해야 한다. 바른길로 인도해야 한다. 우리 아이가 스스로 세상을 살아가는 힘을 길러줘야 한다. 그것이 부모가 아이들에게 줄 수 있는 최고의 선물이다.

내면이 단단한 아이는 원하는 것을 성취하는 방법을 알고 있다. 그 내면을 위한 교육은 부모의 몫이며, 선택도 부모의 몫이다. 나는 내 아이에게 세상을 살아가는 힘으로 자존감을 선택했다. 그것이 내가 사랑하는 딸에게 줄 수 있는 최고의 선물이 될 것이다.

아이의 자존감은 엄마의 태도에서 결정된다

2장

자존감 낮은 아이들이
보여주는 신호

친구를 사귀기 어려워한다

 사람은 사회적 동물이기에 홀로 살아갈 수가 없다. 그래서 신은 우리에게 가족을 주었다. 우리 아이들은 영유아기를 지나면 가족을 벗어나 친구를 사귈 수 있는 기회를 갖게 된다. 나 아닌 다른 사람, 친구와 시간을 보내면서 위로를 받기도 하고 상처를 받기도 한다.

 그럼에도 아이들이 친구를 필요로 하는 것은 잃는 것보다 얻는 것, 살아가면서 꼭 필요한 사회적 감정들을 배울 수 있기 때문이다. 친구를 사귀는 것이 작은 사회 안에서 가장 먼저 발견하는 '나'의 모습을 볼 수 있기 때문이 아닐까?

사회생활을 처음 시작하는 아이들은 친구 관계에 예민하다. 아무리 자존감이 높게 형성된 아이라 할지라도 친구의 반응, 행동, 말 등에 영향을 받고 신경을 쓰게 된다. 친구들과 주로 보내는 시간이 많기 때문이다.

한 가지 더, 어른들과는 다르게 아이들은 상대적으로 신경 써야 할 일이 많지 않기 때문이기도 하다. 사람들은 자기가 경험한 것, 보고 느낀 것 이상으로 생각하기 힘들다. 멘탈을 이야기하기도 하는데, 어려운 환경을 잘 이겨낸 사람들이 대부분 멘탈이 강한 이유가 아닐까? 직장생활을 하면서 고위직으로 올라갈수록 어지간한 일에 흔들리지 않는다. 그러나 사회 초년생, 삶의 경험치가 상대적으로 적은 어른들은 같은 일에도 스트레스를 많이 받거나 심지어 생을 마감하기도 한다.

아이들이 그렇다. 우리 아이들이 10대까지 살아왔다고 가정했을 때 이 아이들의 경험치가 어느 정도의 수준일까? 경제적으로 힘들거나, 부모로 인해 고통을 받았거나 어린 시절 힘든 일을 겪은 아이들은 친구 문제를 쉽게 해결할 수 있다. 아이의 삶 속에 친구 문제는 감당 못할 문제가 아니다.

그런데 요즘 아이들이 어디 그런가. 이 책을 손에 넣고 읽고 있는 아이의 부모, 나의 독자들은 자녀들을 품 안의 자식처럼 키우진 않았을까? 만약 그렇다면 그 아이들의 경험치는 그렇지 않은 아이들보다 상대적으로 적을 것이다. 나이가 어리면 어릴수록 친구 관계에 문제가 생기는 경우도 이 때문이다. 아직은 친구를 만나고 알아가는 과정이 서툴기 때문이다.

그럼에도 불구하고, 내 아이가 진정한 친구를 사귀기를 바라는 것이 모든 부모의 마음이다. 그렇다면 이 글을 읽고 있는 부모들은 진정한 친구가 있는가? 한번 떠올려보시길. 몇 명의 진정한 친구가 있었을까? 진정한 친구의 기준이 무엇인가?

오스카 와일드의 『진정한 친구』에 끝없이 이기적인 방앗간 주인과 의심 없이 방앗간 주인의 부탁을 다 들어주다 죽는 한스의 이야기가 나온다. '진정한 친구라면 이 정도는 해줘야 한다'며 한없이 한스에게 요구하는 방앗간 주인. 자신의 처지는 생각하지 않고 방앗간 주인의 말만 듣고 모든 것을 내어주다가 결국 죽음에 이르는 한스.

어떤가? 진정한 친구의 기준을 우리는 어디에 두어야 할까? 성인인 우리조차도 진정한 친구의 기준을 명확히 하지 못한다. 그런데 우리 아이들은 아직 친구라는 개념도 풀지 못했다. 다른 친구들은 다 친구가 있으니까, 서로서로 어울려 잘 지내니까, 나도 친구가 있어야 하니까 친구를 만들고 싶어 한다. 친구의 요구사항을 다 들어주며 친구가 되는 아이나 친구에게 다가가는 방법을 몰라 친구 사귀기를 어려워하는 아이들을 보게 된다.

나는 늘 입장 바꿔 생각해보라고 한다. 어떤 친구가 내게 있었으면 좋겠는가? 이 질문은 내가 딸에게도 하는 질문이다. 친구에 대한 개념부터 정확히 이야기할 수 있어야, 앞으로 친구 관계도 건강하게 잘 형성될 것이라 생각하기 때문이었다. 또한 친구와의 다툼이 있었을 때도 우리 아이가 친구에 대한 기준이 명확하게 있을 때에만 그 문제를 쉽게 풀 수 있기 때문이다.

대부분의 또래와의 경험으로 친구를 탐색하고 친구 사귀는 것을 무척이나 어려워하는 아이들이 있다. 자신이 어떻게 행동해야 할지 모르는 이유 때문. 그렇다고 지금 친구 관계를 통해 사회성을 배워야 할 시기에 넋 놓고 있다면, 친구 사귀는 일에 있어 좀 더 적극적일 수 있기를 바란다.

자존감이 낮은 아이들은 자신에 대한 정리가 되어 있지 않다. 내가 누구인지, 무엇을 좋아하고 어떤 일에 좀 더 적극적인지에 대해 자신을 볼 수 있는 눈을 갖고 있어야 한다. 무엇보다 자기 스스로가 이 세상에 존재하는 것만으로도 아름답고 행복한 기적이 생긴 일임을 알아야 한다. 이 과정은 다른 사람이 아닌 부모가 적극적으로 도와줘야 할 일이다.

아이들과 모둠으로 논술 수업을 할 때의 일이다. 같이 수업하는 미소가 아직 수업에 도착하지 않고 있어서 모둠 친구들과 기다리고 있었다.

결국 수업 시간이 되었고, 미소 어머님께 연락드렸으나, 미소가 집에서 출발한 지 20분도 더 되었단다.

"우진아, 밖에 문 좀 열어봐."
"선생님, 누가 막 뛰어가고 있어요."
"얘들아, 출발!"

같이 수업하던 친구들은 미소를 찾으려고 다 같이 계단을 내려갔다. 안 되겠다 싶어 나도 급한 마음에 뛰어 내려갔다. 어찌나 빠르던지! 미소는 계단을 뛰어 내려가 당시 공중 전화 박스 안에 있었다. 친구들을 다시 수업 장소로 올려 보내고 나는 미소와 이야기를 해서 수업 장소에 데려와 수업을 참여시킬 수 있었다.

물론 그 일이 처음은 아니었다. 그 후로도 거의 1년이 다 되도록 수업 장소까지 와서 초인종을 누르지 못해서 지각하는 일은 번번이 일어났다. 나는 아이들과 수업을 끝낸 후 미소와 이야기를 나누었고 미소 어머님과도 상담을 진행했다. 수업하는 아이들을 통해 미소의 학교생활에 대해 들을 수 있었다.

미소는 남동생이 있었다. 그 아이는 상대적으로 어떤 일이든지 열심히 하고, 잘 해내는 친구였다. 모든 일에 적극적이라 친구들도 많았다. 더불어 학교에서는 늘 학급회장을 빠짐 없이 해내는 심지어 운동까지 잘하는 친구였다.

상대적으로 미소는 매우 소극적인 아이였다. 목소리도 작고, 누가 물어보지 않으면 그다지 자신의 생각을 이야기 할 필요가 없었던 아이, 자신을 표현할 줄 모르는 아이였다. 아니 표현하려고 하지 않았다는 말이 더 맞을지도 모르겠다.

미소의 부모님은 맞벌이를 하고 있었다. 아이들에게 신경 쓸 겨를이 없었던 것이다. 그렇게 미소는 사춘기에 접어들고, 자신의 행동이 평범하지 않다는 것을 알면서도 고치기는 힘든 상황이었다. 나는 미소의 이야기를 더 듣고 싶었다. 매주 수업 시간 전에 미소를 만나서 데리고 오기도 하고, 수업이 끝나면 미소를 집 앞까지 데려다주며 시간을 함께 보냈다. 그러다 차츰 미소는 자신의 마음을 열기 시작했다. 그렇게 시간이 지나 6학년이 되었다. 미소는 내게 손편지를 전해주었다.

"선생님, 감사합니다. 선생님 덕분에 이젠 앞집에 심부름도 갈 수 있어요. 다른 집에 초인종 누르는 게 제게는 너무나 가슴이 쿵쾅거리는 일이었어요. 이제는 제법 목소리도 크게 발표 잘하죠? 친구들에게도 이야기하며 다가갈 수 있어요. 친구들도 많아진 걸요."

이렇게 고마운 마음을 담아 편지를 보내왔다. 어찌나 뭉클하던지. 다른 것이 아니라 미소가 다른 아이들처럼 행동할 수 있다는 것에 기뻤다. 그리고 더 이상 혼자가 아니라 친구를 사귀기 위해 먼저 다가갈 수 있다는 말이 더 감동이었다. 그 과정에서 내가 도움이 될 수 있었던 것이 감사한 일이었다.

미소는 누가 뭐라 하지 않아도 동생과 자신을 비교하고 있었다. 더불어 남의 집 초인종도 누르지 못한다는 것에 대해 혼난 적은 없지만 주눅 들어 있었다. 미소의 내면엔 정리되지 않은 하고 싶었던 말이 있었던 것이다. 자신이 생각해도 이해되지 않는 행동에 대해 하나씩 이야기하면서 풀어내야 할 시간이 필요했던 것이다. 내가 한 일이라고는 미소가 생각을 말할 수 있도록 질문을 하고 이야기를 들어주는 것뿐이었다. 그렇게 진심이 통했다.

자존감이 낮은 아이들은 남들 앞에 잘 나서지 못한다. 다른 사람 앞에서 자신을 잘 표현할 줄도 모른다. 그래서 친구를 사귀는 것이 더 어렵기도 하다. 때로는 친구가 생겨도 그 친구에게 집착을 하는 아이들도 간혹 있다. 친구가 자신이 아닌 다른 친구와 노는 것을 용납할 수 없는 아이. 그래서 자신의 친구를 괴롭히는 아이. 그 아이들 내면엔 '내가 너랑만 친구하니까 너도 다른 애랑 절대 친구해서는 안 돼.'라는 생각이 강하게 심어져 있다. 그런 친구를 만나면 굉장히 힘들다. 이것은 아이들만이 아니라 자존감이 성장하지 못한 성인 관계에서도 보게 된다.

아리스토텔레스는 "친구는 제2의 자신이다."라고 말했다. 나와 비슷한 생각, 말과 행동을 하는 사람들과 함께 있어야 안정감이 있기 때문일 것이다. 그래서 우리는 친구를 보면 그 사람을 알 수 있다는 말을 사용해왔는지도 모르겠다. 나의 또 다른 나, 친구 관계. 우리 아이가 잘 적응하고, 친구와 더불어 함께 성장하며 긍정적인 관계가 될 수 있도록 부모는 옆에서 부모의 역할을 잘 하면 된다.

친구의 말 한마디에 상처를 받는다

"안녕하세요. 선생님. 이번 여름 방학 특강 신청하려고요."

"어머, 어머니. 그 반 없어졌어요."

"네? 갑자기 없어지기도 하나요?"

"아, 네. 그 반 아이들이 키즈 카페에 갔다가 다툼이 있었는데, 어머님들 사이에 오해가 생기면서 반이 폐강되었습니다."

우리 아이가 방학이면 다니던 영어 학원에서 있었던 일이다. 영어 학원에서 운영되는 영어 유치원 6세 반이 5개월 만에 폐쇄된 것이다. 이유를 듣고 보니, 그 반 친구들이 하원 후에 엄마들과 아이들 함께 모임이 있었다고 한다. 키즈 카페에서 잘 놀던 아이들이 갑자기 싸움이 시작된 것이다. 사실 그 안에 평소 원에서도 친구들과 잘 어울리지 못했던 친구가 있었다고 한다. 그런데 그날도 어김없이 친구들 사이에 잘 끼지 못하고 있었고, 장난끼가 많은 친구가 그 아이를 놀리기 시작했다. 이것이 계기가 되어 편 가르기가 시작되었고, 부모들까지 개입되면서 일이 커진 것이다.

어쩌다가 일이 이렇게까지 된 것일까? 분명 이번이 처음인 아이였을 것이다. 누군가는 놀렸고, 누군가는 상처받은 사건이다. 아이들 사이에 있었던 일이라 사과를 시키고 다시는 같은 행동을 하지 않도록 주의를 주면 좀 좋았을 것을. 이것이 어른 싸움으로까지 번져야 할 일인가 싶었다. 엄마들 사이에도 회복해야 할 마음의 상처가 생긴 것 같아 아쉬움을 뒤로하고 건물을 나왔다. 영어 유치원이라고 해도, 일반 유치원이나 어린이집처럼 당연히 졸업할 때까지 운영되리라 생각했던 나는 당황스러웠다.

학교 교사를 하고 있는 지인의 말에 따르면, 초등학교에 입학하면 교사들은 아이들의 환경 조사서를 보고 순위를 매긴다고 한다. 1번이 유치원 출신, 2번이 어린이집, 3번이 영어 유치원이란다. 이게 무슨 말인가

했더니, 입학하고 나면 손이 덜 가는 순서대로 말한 것이란다.

유치원 아이들은 입학 전에 이미 규칙, 규율 등을 어느 정도 배워서 입학하여 1학년 담임 선생님들의 손이 많이 안 간다고 한다. 어린이집은 낮잠도 재우고 머리가 헝클어지면 묶어주고, 심지어 남자아이들의 경우 소변 후 지퍼까지 올려주는 경우가 있어서 기본적인 생활 태도 지도를 해야 한다고 한다. 그런데 영어 유치원 아이들은 너무 자유분방해서 하나부터 열까지 태도 잡는 데 시간이 오래 걸린다고 한다.

영어 학원에서 이와 같은 말을 듣고 나니, 그때 지인이 했던 말이 무슨 말인지 이해가 되었다. 영어 유치원은 교육청 관할이 아닌 일반 학원으로 등록되어 있다는 것까지. 아이들이야 싸울 수도 있고, 그 싸움의 과정에서 화해를 시켰어야 하는데, 아이들이 한 학기 넘게 다녔던 학원을 종강시키다니 이게 무슨 일인가? 아이들의 교육을 너무나 쉽게 생각한 것은 아닐까? 영어 유치원을 보내면서 부모들은 아이의 인성이나 사회성보다는 영어 학습에만 집중했던 것일까? 다양한 의문을 삼키며 원을 나왔던 기억이 있다.

이처럼 친구의 말 한마디가 상처가 되어 관계가 끊어지기도 하지만, 남자아이들의 경우 상처가 폭력으로 표현되기도 한다.

매년 새 학기가 되면 엄마들 단톡방이 활발해진다.

"○○는 몇 반이야?"
"어머, 3반이면 민철이랑 같은 반이네. 걔 보통이 아닌데. 어쩜. 피해 다녀야 해."

엄마들이 이렇게 알고 있다는 건 아이들 사이에도 이미 유명하단 이야기다. 어쩌면 좋을까? 2학년 때 우리 딸아이가 그 아이랑 같은 반이 된 것이다.

수업 시간에 해야 할 분량을 마치지 않으면 쉬는 시간에 마무리를 하라는 담임 선생님의 말씀을 듣고, 아이들은 각자의 자리에서 모둠 활동 마무리를 하고 있었다.

그때, 민철이는 다른 부분을 하고 있었고, 우리 딸은 "민철아, 거기 아니고, 이쪽에 하라고 하신 거야."라고 말함과 동시에 민철이는 붉그락푸르락하면서 덤벼들려고 했단다. 그리고 친구들이 말리고 즉시 담임 선생님이 복도에 있다가 들어오셨고, 그 모습을 보고는 민철이는 행동을 멈출 수 있었다.

집에 돌아 온 딸은 내게, 학교에서 있었던 상황을 말한다.

"엄마, 나는 민철이가 다른 페이지를 하고 있어서 가르쳐준 것뿐인데, 왜 나한테 그런 거야?"

"우리 딸 많이 놀랐겠네. 괜찮아?"

나는 딸아이의 감정을 먼저 물어봤다. 다행히 친구들이 도와주고 선생님께서 바로 오셔서 큰 문제는 생기지 않았고, 민철이한테 사과도 받아서 괜찮다고 이야기한다.

"진아, 우리 딸 생각하기에 민철이는 어떤 아이야?"

"평소에도 선생님께 많이 혼나고, 친구들한테도 과격해서 늘 혼자 있어. 그래서 오늘도 민철이가 다른 쪽 하고 있는데도 다른 친구들이 아무도 민철이에게 이야기해주지 않았어. 그래서 내가 가르쳐준 건데"

"민철이가 왜 그런 행동을 했을까? 우리 진이 생각은 어때?"

아이와 차근차근 그날의 상황에 대해 최대한 객관적으로 볼 수 있도록 질문을 하고 대화를 이어갔다. 우리 아이도 같은 학급에서 민철이를 한 학기 동안 지켜보면서 어떤 아이인 줄 알고 있었다. 하지만 민철이를 도와주고 싶었던 마음이 컸던 것이다.

담임 선생님과 민철이에 관련해서 깊이 이야기하지는 않았지만 평소 친구가 없다는 것, 혼자 있는 시간이 많다는 것, 아이들이 민철이가 잘못하고 있어도 가까이 가거나 알려주지 않는다는 것, 실제 친절을 베풀어도 그것을 친절로 받아들이지 않고 공격적인 성향을 비추는 모든 것으로 보아 민철이는 그 상황에 자존심이 상했을 것이다. 아이들과 친해지고 싶지만 친해지는 방법도 모르고, 친구들과의 대화에서는 공격성을 보이는 아이, 혼자가 편한 아이. 하지만 아홉 살은 혼자가 편한 나이는 아니다. 또래와의 관계성에서 성장하는 시기다. 호기심 많을 시기이니 친구들과의 관계성을 갖고 싶었을 것이다.

그런데 그날 다른 친구들 앞에서 무엇이 잘못되었는지 가르쳐주는 행동이 민철이 입장에선 창피했을 수도 있고, 그것을 공격이라고 오해했을 수도 있다. 딸아이와의 대화를 마치고 참 안타깝다는 생각이 들었다.

이제라도 늦지 않았으니 조금씩 사회성을 길러 친구들과 소통하는 방법을 배웠으면 하는 아쉬움이 들었다. 이처럼 자존감이 낮은 아이들은 어떤 방법이든 자신의 내면의 모습을 보여준다. 나는 이 아이들의 이런 행동들이 도와달라는 외침으로 들린다.

'내 입장이 한번 되어봐.'
'나는 상처가 많다고.'

한번은 아이들의 논술 수업을 참관하러 갔었을 때의 일이다. 아이들의 수업 시작 전 분위기가 냉랭했다. 분위기를 알아차린 교사는 아이들에게 물었다.

"너희 무슨 일이야?"

듣고 보니, 일찍 도착한 민지는 그림을 그리고 있었다. 윤지는 그 그림을 구경하고 있다가 민지에게 말한다. "야, 너 뭐 그린 거야? 설마 어몽어스 아니지?" 그런데 하필 민지가 그린 것은 어몽어스였다. 그때부터 민지는 화가 나서 윤지에게 아무 말도 하지 않고 묻는 말에도 대답하지 않았다는 것. 분위기를 알아차린 윤지가 화해를 시도했지만 민지의 마음은 쉽게 풀리지 않았다.

담당 논술 선생님 말로는 민지는 평소에도 말이 없는 편이고, 자기를 잘 표현하지 않는다고 한다. 그에 비해 윤지는 처음 본 아이에게도 말을 쉽게 잘 건네는 편이다. 서로 자기 관점에서만 생각하니 오해가 생긴 것이다. 윤지는 평소에 누군가 자기에게 이런 말을 해도 "그래, 맞아." 하면서 쉽게 웃어넘길 수 있는 아이란다. 그래서 민지에게도 자기 식으로 표현한 것이다. 그런데 민지는 평소 누구와도 소통을 하지 않기에 처음 본 자신에게 그런 말을 한 윤지에게 상처를 받았던 것이다.

아이들은 여러 경험을 통해 성장한다. 이번 일을 겪고, 상황에 대한 이해를 하고 다음에 같은 일이 일어났을 땐, 자존감 근육이 좀 더 키워지고 단단해서 잘 이겨 낼 수 있기를 바란다. 결국 민지의 이런 자존감은 가정에서 엄마와 민지의 감정을 소중히 다룰 수 있는 교사가 함께 키워줄 수 있을 것이다.

03
사과할 힘도, 용서할 힘도 없다

아이들은 싸우면서 큰다는 옛 어른들의 말씀이 있다. 아이를 키워본 경험이 있다면 공감할 것이다. 나 역시도 어릴 때 싸움을 하면서 컸다. 물론 싸우지 않고, 싸우는 일을 만들지 않는 것이 더 좋을 것이다. 그런데 어디 인생이란 게 그렇게 생각하고 말하는 것처럼 쉬운가?

나는 오히려 나중에 경험하는 것보다 경험의 기회가 왔을 때 경험하고 그것을 성공의 발판 삼아 다음엔 같은 실수를 하지 말라고 말한다. 그리고 싸움을 통해 상처를 받았다면 그 상처를 회복하면 되고, 누군가에게 상처를 주었다면 그 상처를 치유해주면 되는 것이다. 상처를 회복하고 치유하는 것이 사과하는 것과 용서하는 것이다. 이 또한 어릴 때부터 부모로부터 배워야 하는 덕목이다.

성인이 되어도 다툼할 수 있다. 어릴 때부터 많이 다퉈본 친구들이 경험이 많아 성인되어서는 잘 피해가기도 한다. 또 상황에 대한 문제 해결력도 다양해서 관계성도 좋다.

문제는 성인이 되어서도 자존감이 회복되지 않은 경우, 사과를 하고 용서하는 일이 쉽지 않다는 것이다. 물론 자존감이 낮은 아이 역시 사과도 용서도 하지 못한다. 사과를 하고 용서를 해주는 것은 용기가 필요한 일이다. 누군가의 상처에 내가 치료제를 스며들게 해야 하는 일은 쉽지 않다. 하지만 어릴 때부터 훈련되어온 친구들은 어렵지 않게 그것을 해낸다. 자신의 관점에서도 그것이 문제가 된다면 바로 사과를 하고 용서를 구한다. 마찬가지로 누군가 자신에게 실수를 하더라도 자신이 그랬던 것처럼 사과를 받아주고 용서할 힘이 생긴다.

나의 학창 시절, 우리 집엔 늘 친척들이 자주 찾아왔다. 물론 꼬맹이들도 함께. 나보다 나이가 많은 사촌 언니 오빠들은 공부하느라 우리 집에 자주 오지 않았지만 조카와 사촌 동생들은 늘 함께였다. 때로는 아이들을 중재할 일도 생겼다.

별 것도 아닌데, 꼭 치고 박고 싸워야지만 일이 끝났다. 그럴 때면 어김없이 내가 출동해 사과를 시키고 강제로 용서해줄 것을 다짐받고 상황을 종료시켰다. 그런데 진짜 유독 힘든 녀석이 하나 있었다. 평소에 말을 잘 안 하고, 자기표현을 안 하지만 이야기를 들고 보면 생각이 많은 아이였다. 그러나 늘 걱정이 많고 잘 웃지 않았다. 싸우고 나면 두 살 터울 지는 두 아이를 앉혀놓고 화해를 시켰다. 늘 냉정하게 상황을 진단하고 객관화시켰다. 하지만 끝내 사과를 하지 않았다. 잘못한 것을 알지만 사과는 하지 않는 것이다. 그 아이들의 싸움을 중재해야 하는 날이면 나도 머리끝이 쭝긋 솟았다.

그땐 자존감이라는 단어를 몰랐고, 아이도 키워본 적이 없었지만 일단 화해는 시켜야 한다는 생각에 윽박질러가며 중재시켰다. 이것이 인격이 다 싶어 무조건 사과를 시키려는 나와, 끝까지 표정 하나 변하지 않고 무반응으로 일관하며 사과할 맘이 하나도 없음을 표현하는 녀석과의 기 싸움이 펼쳐졌다.

어른들은 그 녀석을 보고, 고집이 세다고만 말했다. 그런데 이제와 생각해보면 생각이 많고, 상처가 많아서, 또 사과하는 감정을 몰랐던 것은 아닐까 싶다. "미안해." 한마디가 누군가는 쉽게 할 수 있는 말이지만 자신의 감정을 표현할 줄 모르는 감정 표현이 서툰 아이에게는 "미안하다."

라는 말 한마디가 참 어려웠던 것 같다.

용서에도 용기와 경험이 필요하다. 용서를 받아준다는 건, 사과를 해본 경험이 있다는 것이다. 용서를 한다는 것도 삶을 성장시켜가는 과정 중 일부이다. 우리 아이들이 앞으로의 삶이라는 사회 속에서 잘 살아가려면 용서할 줄 아는 용기도 배워야 한다.

한번은 딸아이가 돌아와 이렇게 말한다.

"엄마, 내가 오늘 학원에서 민지랑 싸웠거든. 그런데, 내가 생각해도 내가 잘못한 거 같아서 사과를 했거든. 그런데 그 애는 절대 안 받아줘."

어쩐지 비슷한 상황이 그려졌다.
아이가 유치원 시절. 놀이터에서 친구랑 놀다가 울면서 내가 엄마들하고 앉아 있는 정자로 왔다.

"엄마, 내가 한울이한테 사과했는데 한울이는 아직도 내가 불러도 대답을 안 해."

나는 아이가 어릴 때부터 잘못을 했을 땐 정직하게 사과를 하라고 가르쳤다. 어떤 경우에도 거짓말은 하지 말자고 했다. 나는 아이를 키우면서 크게 화를 낸 경험이 없다면 거짓말이고, 두어 번 있었다.

어릴 때 내게 거짓말을 하려고 할 때, 여러 번 기회를 주었으나 마치 진실인 것처럼 얼렁뚱땅 그냥 넘어가려고 할 때, 또 한번은 버릇없이 행동할 때였다. 아이가 상황을 파악하면 곧장 "엄마, 죄송합니다."를 말하게 하고 웬만한 상황에서는 그냥 넘어가줬다. 하지만 정말 내가 크게 화가 날 때는 이렇게 말한다.

"진아, 용기 내줘서 고마워. 하지만 엄마가 지금은 시간이 좀 필요하거든. 좀 기다려줄래?"

아이는 엄마와 용서 규칙을 배웠다. 그리고 자기가 만난 작은 사회, 친구 관계에서도 적용한다. 그리고 뜻대로 되지 않으면 속상해했다. 마치 '엄마가 가르쳐준 대로 했는데 틀렸어요. 엄마 말은 틀렸어요.' 하는 것처럼 들렸다. 하지만 나는 아이를 위로해주었다.

"진아, 네가 화가 났을 때 시간이 좀 필요했던 것처럼, 엄마도 진정될 때까지 시간이 좀 필요했던 것처럼 친구도 시간이 필요할 수 있어. 사람의 감정이 다 다르거든. 알지?"

아직 사회경험이 없는 우리 아이는 엄마와의 경험이 마치 세상 모든 것에도 똑같이 적용된다는 듯 그 개념으로 어디에서나 블록 맞추듯 적용하려고 했던 것이다. 하지만 유치원 때도 초등학교 때도 새로운 친구들을 만나고 다툼도 하고 사과도 해보고, 용서도 하면서 사회에 적응하는 방법, 친구와 소통하는 방법, 관계를 유지하는 방법을 배운다. 진정으로 다른 사람을 용서할 수 있을 때 아이에게도 평안이 찾아온다.

특히나 자존감이 낮은 아이들은 관계에 대해 더 신경을 쓴다. 눈치를 보는 아이들이기에 더 오랜 시간 그 감정에 머물러 있다. 사과를 할 힘도 없고, 용서할 힘도 없는 아이들은 신호를 보내고 있다. 도와달라고.

사실, 가장 가까이에서 양육하고 있는 부모와 학교라는 공동체로부터 아이들은 가장 잘 배울 수 있다.

논술 수업을 직접 진행하던 시절, 유난히 문제를 일으키는 남학생이 있었다. 늘 수업 시간에 멍하게 앉아 다른 곳을 바라보거나 굳이 이름을 불러 시키지 않으면 대답하지 않았다. 노트에 낙서하며 연필을 물어뜯었다. 일주일에 한 번씩 만났지만 매번 같은 행동을 했고, 무언가 다른 아이들과는 느낌이 달랐다. 아니 더 정확하게 행동이 달랐다.

나는 당시 심리 상담 선생님에게 집단 상담을 요청해서 교육을 듣고 있었고 그 아이의 사례를 이야기했다. 또 다른 이해할 수 없는 행동이 있었기 때문이다. 일대일로 수업할 땐 그래도 적극적인 아이의 모습을 볼 수 있어서 '친해질 수 있겠구나.' 하고 다음 주엔 아이와 좀 더 많은 이야기를 나눠야겠다고 다짐하고 그다음 주에 아이를 만났는데 본래 아이의 모습으로 돌아와 있었다. 물론 일대일 수업이었다. 바뀐 것이 있다면 할머니의 태도였다.

분명 지난주에 봤을 때는 할머니는 아이에게 무엇을 해도 칭찬하며, "아이구, 우리 새끼 수업하느라 힘들었지? 이거 한잔 마시고 또 공부해라." 하시며 눈에서 꿀이 뚝뚝 떨어지셨다. 그런데 이번엔 "아이고, 저놈 새끼 키운다고 우리 딸 고생하는 거 생각하면….".

'아니, 이게 뭐지?' 하고 있을 찰나 아이가 말한다.

"오늘은 기분 나쁜 날이에요. 외할머니가 있는 날이거든요."
"뭐라고? 외할머니가 계신데 왜 기분이 나빠?"
"친할머니, 외할머니가 돌아가며 오는데 오늘은 외할머니가 있는 날이라 기분 나빠요."

들어보니, 아이의 부모님은 두 분 다 바쁘셔서 두 분의 할머니께서 주 양육자가 되었는데 친할머니와 외할머니의 양육 태도가 다른 것이다.

이 아이의 사례로 상담 선생님께 문의를 했던 기억이 난다. 선생님 말씀은 "우울증 부모 밑에서는 아이가 성장할 수 있지만, 조울증 부모라면 분리시켜놔야 한다."는 것이었다. 아이 입장에서는 같은 행동을 해도 언제는 혼나고, 언제는 칭찬을 받는다. 이 아이의 할머니들은 아이를 대하는 태도가 각각 달랐고 그때마다 아이의 생각이나 성향, 행동, 태도에 영향을 미친 것이다.

결국 아이의 사회생활에 그 영향이 그대로 나타났다. 불안한 심리를 가지고 학교와 학원 생활을 하던 그 아이는 결국 친구에게 신체적 상해를 입혔다. 이 사건이 소문이 나면서 아무도 이 친구와 모둠 수업을 하려고 하지 않았다.

부모가 좀 더 관심을 갖고 아이를 지켜봤으면 좋겠다고 생각하며 찾아갔으나 엄마는 관심이 없었다. 안타깝게 그 아이와의 수업은 그렇게 종료되었다. 결국 아이에게 필요한 것은 부모의 관심과 사랑이다.

04

지나치게 사랑받고 싶어 한다

"그런즉 믿음, 소망, 사랑, 이 세가지는 항상 있을 것인데 그 중에 제일

은 사랑이라"

– 고린도전서 13장

성경에 보면 고린도전서 13장 전체는 사랑에 대한 이야기를 하고 있

다. 사람이 세상을 살아가는 데 있어서 놓지 말아야 할 세 가지가 있다면

그것이 믿음이고, 소망이고, 사랑이라고 한다. 이 중에 또 제일 중요한

것은 사랑이라 한다.

사랑은 모든 것을 풍요롭게 한다. 신이 우리에게 베풀어주는 사랑, 자연이 우리에게 제공해주는 것들도 사랑이다. 우리에게 사랑이 있을 때 자연이 아름답고 소중하고 고맙게 느껴질 것이다. 인간관계도 마찬가지이다. 사랑이라는 이름이 있을 때, 사람과 사람과의 소통이 원활하게 이뤄진다. 내 안에 사랑이 충만하다면 어떠한 상황에서도 쉽게 좌절하지 않을 것이다.

내 마음에 사랑이 충만하다면, 직장에서 매일 만나는 동료에게 따뜻한 시선을 보낼 수 있다. 예상치 않은 업무가 내려오거나, 내가 하지 않아도 될 일을 하게 되는 경우가 발생해도 그 누굴 원망하기보다 그 상황을 인지하고 해결할 수 있는 여유까지 가져다준다. 이것은 사랑하는 힘을 아는 사람만 이용할 수 있다.

가정에서도 마찬가지다. 내가 사랑이 충만하다면, 목소리와 말투가 다를 것이고, 행동이 다를 것이다. 무엇보다 상대를 대하는 눈빛이 다를 것이다. 태도가 달라진다는 것이다. 그럼 당연히 나의 사랑을 받은 남편 또는 아이들도 내게 받은 사랑 그대로 내게 전달해준다. 그러니 사랑 말고 더 중요한 것이 무엇이랴. 심지어 내게 있는 아이도 신이 내게 주신 사랑의 선물인 것을. 아이는 사랑으로 만들어진 결정체다.

그런데, 우리는 이 사랑을 어디서 배웠을까? 내 아이가 가진 사랑의 힘은 어떻게 만들어졌을까? 아이가 세상에 태어나 처음 만나는 사람 엄마 그리고 아빠, 가족이라는 구성원을 통해 아이는 사랑을 배웠다. 부모인 나 역시, 나의 부모에게 사랑을 받고, 그 사랑을 배웠으며, 아이에게 그 사랑을 가르치고 있다.

세계적인 강연가 브라이언 트레이시는 이렇게 말한다.

"아이와 관련된 거의 모든 문제는 부모에게 충분히 사랑을 받지 않았다는 아이의 인식에서 출발한다. 사실이든 상상이든 사랑의 결핍은 심각한 결과를 초래한다. 또 사랑의 부족은 신체적, 정신적 질병, 심지어 죽음까지도 초래한다. 사랑을 주지 않거나 부족하게 주어서 발생하는 상처는 장기간에 걸쳐 아이 성격에 파괴적인 영향을 끼칠 수 있다. 정서적인 문제가 있는 성인은 예외 없이 어릴 때 부모에게서 충분한 사랑을 받지 못한 사람이다."

아이는 태어날 때부터 부모에게 사랑받을 준비를 하고 태어난다. 그런데 우리가 내 부모에게 사랑을 제대로 배우지 못하고, 성인이 되어서도 사랑을 준비하고 있지 않다면 사랑하는 내 아이에게 사랑을 제대로 줄수도 없고, 가르쳐줄 수도 없다는 말이다.

충분한 사랑을 받지 못한 아이는 결핍이 발생한다. 어릴 때 해결하지 않은 사랑의 문제는 성인이 되어서도 정서적인 문제를 일으킬 수 있다는 것. 그렇다면 지금 내 아이는 어떠할까?

엄마인 내 상태는 어떠한가?

딸아이의 친구들, 혹은 수업 현장을 보면 유난히 사랑을 갈구하는 아이들이 있다. 지나치게 사랑을 받고 싶어 하는 아이들이다. 사랑을 받고 싶으면 먼저 사랑을 하면 된다. 정말 당연한 이치와 논리임에도 사랑을 받아 본 적이 없는 엄마는 아이에게 사랑을 듬뿍 담아줄 수 없고, 아직 어린아이는 엄마로부터 사랑을 갈구하고 심지어 밖에서도 그 사랑을 찾는다.

간혹 눈에 띄는 눈동자로 혹은 태도로 "나 좀 봐주세요." 하는 아이들이 있다. 자신이 한 행동에 대해 인정받고 칭찬받고 싶어 하는 아이들이다.

"선생님, 이것 좀 봐주세요. 잘했죠?"
"응. 그래. 지인이 예쁘게 잘했네. 어머, 지윤이 그림도 멋있는 걸?"
"잠깐 기다려보세요."

다시 그림을 그리는 지인이. 그리고는 다시 부른다.

"선생님, 지금 이 그림 다시 봐주세요. 지윤이가 그린 사람 눈보다 제 것이 더 크고 예쁘죠?"

"응. 그러네. 지인이가 이번에 그린 그림은 눈이 더 커. 그렇지만 지윤이는 입술을 예쁘게 잘 그렸잖니."

두 친구가 쉬는 시간에 그림을 그려서는 서로 보여준다. 누구 하나의 것이 예쁘다고 할 수 없어서 두 녀석의 그림이 예쁘다고 하고 있는데, 지인이는 항상 자신의 그림이 최고여야 한다. 늘 본인만 칭찬해주길 바란다. 이런 지인이의 행동을 보고 있노라면 같이 있던 친구들의 마음이 상할 수밖에 없다. 감정이란 서로 통하는 것이다. 내가 칭찬을 받고 싶으면 칭찬받을 행동을 하면 된다. 자신의 그림을 다시 그릴 것이 아니라, 친구의 그림을 먼저 칭찬하는 모습을 보였다면 선생님의 눈엔 그런 지인이가 예뻐 보였을 것이다. 사랑을 받고 싶었다면 먼저 친구를 사랑해줬더라면 어땠을까? 지윤이가 지인이를 보는 시선이 또 달라졌을 것이다.

지인이는 사랑을 받고 싶어 늘 수학 학원에서도, 논술 수업에 와서도 친구들과 끊임없이 자신을 비교하며 칭찬을 사랑이라 여기고 돋보이고 싶어 했다. 그리고 이미 학교와 학원에서의 지인이 행동으로 인해 친구들은 지인이의 이런 모습을 다 알고 있다. 그러면 고학년에 올라갈수록 지인이와 비슷한 결핍이 있는 친구들끼리 또 모이게 된다. 결국 끌어당

김의 법칙으로 자신이 원하는 대로 공명되어 돌아오는 것이다.

고객 세미나를 운영하며 만났던 엄마의 이야기다.

민영이의 엄마는 고민은 늘 이렇다. 민영이가 매일 다른 친구 엄마와 민영이 엄마를 비교한다는 것.

"다른 친구 엄마들은 안 그러는데, 왜 엄마는 나한테 칭찬을 안 해?"

"다른 친구 엄마들은 안 그러는데, 왜 엄마만 항상 안 된다고 해?"

"다른 친구 엄마들은 안 그러는데, 왜 엄마는 나한테 사랑한다는 말을 안 해?"

민영이가 친구들과의 문제가 생기면 항상 엄마에게 하는 말이란다. 민영이 엄마는 민영이의 이런 이야기를 들으면 잠시 속상하지만 어쩔 수 없다고 한다. 그래서 이런 민영이 질문에도 늘 아무 말도 하지 못했다고, 도대체 뭐가 문제인지 모르겠단다.

그러던 어느 날, 민영이와 민영이 엄마를 다시 볼 수 있었다. 민영이는 논술 수업이 끝나고 엄마를 만나자 하고 싶은 말이 있었는지 말문을 열었다.

"엄마, 나 오늘 학교….."

민영이가 무언가를 말하려고 하는데 무엇이 그렇게 다급했는지 민영이 엄마는 아이의 가방을 낚아채서는 얼른 차에 가방을 실었다.

"응. 알았으니까 빨리 차에 타. 영어 선생님 기다리고 계시잖아."

그리고 차는 떠났다. 민영이는 분명 엄마를 보자마자 하고 싶었던 이야기가 있었다. 그러나 엄마는 민영이의 말이 채 끝나기도 전에 민영이의 가방을 차에 넣고, 아이가 타기도 전에 엄마가 먼저 차에 탑승했다. 엄마는 민영이를 위해 영어 선생님도 모셔온 것이고, 민영이를 태우기 위해 직접 운전해서 논술 학원 앞까지 왔다. 알고 보면 다 민영이 잘되라고, 민영이를 위한 행동들이다.

그러나 민영이 입장에선 '엄마는 늘 자신의 감정보다 학원이 먼저'라고 생각하게 된 것이다. 아이는 누구보다 무엇보다 간절히 엄마의 따뜻한 시선이 필요해 보였다. 아이의 상처가 차곡차곡 쌓여, 엄마에게 상처 주는 말로 표출되고 있었던 것을 민영이 엄마는 알고 있을까?

우리는 가끔 점검해봐야 할 필요가 있다. 중요한 것은 내 아이인데 내가 하는 이 모든 행위가 우리 아이를 위한 일인데, 정말 중요한 아이의 감정을 소중히 다루고 있는지 말이다. 우리는 가끔 일의 본질을 잊어버린다. 그러나 오늘만큼은 그동안 아이를 키우며 잊고 있었던 본질을 다시 찾아보면 어떨까? 아이를 위해 지금 이 순간 해야 할 행동이 무엇인지 말이다.

05

자존감이 낮은 아이는 눈치를 본다

"엄마가 하지 말랬지?"

"너, 또 그럴 줄 알았어."

"도대체 몇 번을 말해야 알아듣니?"

엄마들이 아이들에게 말하는 3종 세트 문장이다. 대한민국 엄마들은
화가 나면 약속이라도 한 듯 위 세 가지 중에 한 가지 문장은 꼭 사용한
다. 아니, 3종 세트를 한 번에 다 사용하는 엄마도 본 적이 있다.

한번은 마트에 갔다가 엘리베이터를 기다리고 있었다. 남자아이가 한

손에는 장난감을 한 손에는 핸드폰을 들고 이리저리 왔다 갔다 하더니 결국 핸드폰을 떨어트렸다. 그 모습을 본 엄마는 아이를 향해 "엄마가 하지 말랬지, 너 그럴 줄 알았어. 도대체 몇 번을 말해야 알아듣니?" 3종 세트를 발사해버렸다. 아이는 아무 말도 못 하고 고개를 떨구고 가만히 있었다.

"뭐 해. 빨리 주워."

엘리베이터는 이미 우리가 있는 층을 향해 왔다. 다급했는지 아이를 향해 말하고는 자신이 몸을 숙여 핸드폰을 주워 담았다. 그 모습을 보자마자 '이게 그렇게 큰일인가' 싶었다. 아이니까 실수도 하는 건데. 엄마는 엘리베이터를 기다리러 오기 전까지 아이에게 하지 말라고 말했을까? 그리고 아이에게 '또'라고 말했다.

"또 그럴 줄 알았어."

나는 이 말이 위험하다고 생각한다. 아이가 실수할 때마다 엄마가 "너 또 그럴 줄 알았어."라고 말한다면, 아이로 하여금 '나는 항상 실수하는 그런 아이구나.'를 인식시키는 행위밖에 될 수 없다.

그리고 더 솔직히 말하면, 엄마는 정말 아이가 핸드폰을 떨어트릴 줄 알고 있었을까? 그렇다면 더더욱 아이러니하다. 그럼 엄마는 핸드폰을 주지 말든가, 아이에게 미리 경고를 했어야 할 것이다. "앞으로 몇 분 후에 너는 핸드폰을 떨어트릴 거야. 그리고 엄마는 매우 화가 날 예정이야. 알고 있어." 이렇게 말이다. 우리가 신도 아니고 어떻게 앞으로 일어날 일을 미리 알고 있단 말인가. 이 표현은 잘못된 표현이다. 더구나 아이에게 희망적인 표현도 아니고 오히려 아이로 하여금 실패와 좌절을 맛보게 할 수 있다.

"도대체 몇 번을 말해야 알아듣니?"

이 또한 엄마가 화난 감정을 담아서 하는 말임을 알 수 있다. 실수를 하고, 실패를 경험하며 어른이 되어가는 과정을 배우는 것이 어린이이고, 청소년기이다. 그런 아이에게 '도대체 몇 번을 말해야 알아듣냐'고 묻는다는 것은 '엄마인 내가 지금 화났어. 너는 내 감정 쓰레기통이야. 그냥 받아.'라고 하는 말이나 다름없다. 실제로 대답을 요구하는 질문도 아니면서, 질문을 가장한 화난 감정을 아이에게 표출한 것이다. 질문에 대해 아이가 "앞으로 세 번", "앞으로 백 번." 이렇게 답한다면 엄마는 또다시 화를 내며 아이를 한 대 쥐어박을 수도 있을 것이다.

엄마가 화날 때 쓰는 표현 3종 세트는 결코 아이를 위해서 하는 말이 아니다. 오히려 불안감을 조성하고, 아이 스스로 실패자라고 생각하고 위축될 수밖에 없도록 만드는 말이다. 엄마의 화난 감정을 담아 화풀이 대상에게 하는 말이라고 밖에 여길 수 없다. 아이는 엄마의 감정 쓰레기통이 아니다. 모르니까 아이이다. 스스로 깨닫고 배우고 엄마의 사랑이 담긴 가르침으로 건강한 사회 구성원으로 성장할 수 있다는 것을 잊지 말자. 처음 한 번이 중요하다. 무엇이든 한 번 하고 나면 두 번째는 첫 번째보다 쉽고 세 번째는 두 번째보다 더 쉬워지기 때문에 더 엄마의 말버릇은 더 조심해야 한다.

실제로 엄마로부터 이런 이야기를 들은 아이들은 어떤 생각을 하게 될까?

'내가 세상에서 가장 좋아하는 엄마를 내가 화나게 했구나. 엄마가 나 때문에 화가 많이 났구나. 나 때문이구나.'
'나는 매일 실수만 하는구나.'
'왜 나는 엄마가 여러 번 말해줘도 똑같이 엄마를 화나게 할까?'

엄마는 자신의 화난 감정을 일시적으로 표현한 것뿐인데 아이는 이 상황에서 다양한 생각을 할 수 있다. 원래 불안하고 부정적인 감정은 꼬리에 꼬리를 물고 이어진다. 더 나아가 아이는 자신을 쓸모없는 사람이라고 여길 수도 있다.

얼마 전 건설 현장에서 매일 무시당하던 사람이 유서와 함께 자살한 사건을 뉴스로 보았다. '직장에서 무시하면 다른 직장으로 옮기면 될 텐데 자살까지?'라고 생각할지도 모르겠다. 하지만 사람 일이 그렇다. 다른 사람 일에는 객관적으로 말해줄 수 있지만, 자신에게 안 좋은 일이 일어나면 객관화시켜서 감정을 바라보는 것이 쉽지 않다. 이 또한 훈련이 되어야 가능한 일이다.

실제로 아이들은 경쟁이나 반복적인 실패 경험, 예비불안 등 부정적인 감정을 어른이 느끼는 부담보다 더 크게 느낀다. 그런데 세상에 태어나 가장 먼저 자신의 눈과 마주친 엄마의 사랑스러운 눈빛이 변하여 자신을 향해 화를 내고 있고, 소리를 지르고 있다면 아이들은 자신을 가치 있게 여기기 힘들 것이다. 그리고 아이들의 이런 감정이 행동으로 표현된다.

질문을 하면 대답을 잘하지 못한다. 사실적인 질문, 가령 무엇인가를 달달 외워서 할 수 있는 질문에 대한 답은 하지만, 자신의 생각이나 감정을 말해야 하는 질문에 있어서는 주춤하거나 멈춤이 되어버린다. 자신이 하는 말이나 행동에 책임질 자신이 없기 때문이다. 그동안 학습된 엄마의 말버릇으로 인해 상황에 대한 눈치를 보게 된다. 눈치 보는 아이는 집중력도 떨어진다.

경쟁이나 반복적인 실패 경험으로 이미 불안한 감정을 갖고 있는 아이들은 마음속에 부정적인 감정으로 가득 차 있다. 해서 반복적인 부정적인 생각들이 아이를 감싸고 있어서 아이는 집중력이 부족해 문제 해결을 하기 어렵다. 그래서 실수하는 상황이 반복해서 일어날 수 있고, 그때마다 엄마는 아이에게 또다시 화를 내며, 이런 사이클이 반복적으로 일어나게 된다. 이렇게 지속적으로 무너진 아이의 자존감은 회복하기까지 너무나 오랜 시간이 걸린다.

엄마와의 대화가 원활하지 않거나, 엄마가 아이를 향해 사랑하는 마음이나 행동을 표현하지 않는다면, 아이는 더 큰 좌절감을 맛보게 된다. 또 엄마에게 인정받고 사랑받기 위해 노력하게 된다. 예를 들면 정말 싫어하지만 엄마한테 잘 보이려고 밥을 꾸역꾸역 다 먹는다든가, 엄마가 좋아하니까 채소를 먹는다든가. 억지로 공부하게 되는 그런 행위들. 결국 공부에 대한 감정 또한 좋지 않은 감정으로 기억될 수도 있다.

특히 형제나 자매가 있는 경우 엄마의 양육 태도에 따라 눈치 보는 아이를 만나게 된다. 부모들은 형제나 자매가 있는 경우 일방적으로 누나 대신 장난꾸러기 동생을 더 혼내는 경우도 있고, 큰아이에게 일방적으로 모든 불편과 무거운 짐을 지게 하는 경우도 있다.

자주는 아니지만 가끔 가족끼리 식사하는 모임이 있다. 어른들은 식사를 하고 아이들은 키즈 룸에서 잘 놀고 있다가 아이들이 하나둘씩 어른들 옆자리로 와서 앉는 것. 무슨 일이 있었나 보다 싶어서 물었다.

"왜 그래? 너희들 무슨 일 있었니?"

서로 눈치만 보고 있다가 지은이가 먼저 이야기를 꺼낸다.

"있잖아요. 가온이가 갑자기 키즈 룸에 불을 꺼서, 민지랑 저랑 부딪혔는데요….."

말이 끝나기도 전에 민지가 단호하게 말한다.

"그게 아니잖아!"

어른들을 포함한 모두의 시선은 지은이에게로 향했다. 아니나 다를까 갑자기 지은이는 얼굴을 가리고 울어버린다.

이야기를 듣고 보니, 지은이는 아이들하고 놀다가 자기 마음대로 아이들이 움직이지 않자 화가 나서 민지를 밀었다고 한다. 그런데 왜 지은이는 어른들에게 와서 거짓말을 했을까?

지은이는 동생이 있다. 어렵게 얻은 막둥이라서 지은 엄마의 관심은 온통 지은이 동생에게 있었다. 이제 한창 사고치고 다닐 나이라서 지은이에게는 미운 동생이다. 그런데 매번 엄마는 지은이에게 "언니니까 양보해라." 하며 동생과의 다툼이 있어도, 동생이 잘못해도 늘 지은이에게 모든 짐을 주었다.

지은이는 이날도 혼날까 봐 자신의 감정을 숨기고 거짓말을 선택한 것이다. 아빠나 엄마, 누구라도 이제는 지은이의 마음을 들여다보고 충분한 사랑을 표현해주면 좋겠다. 그럼 아이도 눈치를 보며 거짓말까지 하는 그 이상의 일은 일어나지 않을 테니 말이다.

무한한 가능성과 천재성을 갖고 태어난, 세상에서 가장 소중한 존재 나의 아들딸이 더 이상 상처받지 않도록 엄마의 마음공부가 필요한 시점이다.

06
부모에게 지나치게 의존한다

아이들이 세상에 태어나 처음 만나는 사람은 엄마다. 엄마의 눈빛으로부터 자신의 모습을 발견하고, 엄마의 몸짓으로 관계성을 배운다. 또 자신이 얼마나 가치 있는 존재인지 사랑받을 자격이 있는지에 대해 아이들은 엄마가 자신에게 해주는 것으로 모든 것을 결정한다.

부모라는 존재는 아이들에게 세상에서 만난 그 무엇보다 가장 위대한 존재이다. 아기가 태어나 눈을 처음 뜨고, 만난 부모로부터 아이들은 세상을 배워간다. 그 위대한 순간이 아이가 세상에서 해야 할 역할과 위치가 결정되는 순간이라 해도 과언이 아니다. 처음은 태어난 아이들에게 있어 우리는 아이들의 보호자가 된다. 아이가 세상에 혼자 첫발을 내딛는 순간까지 우리는 아이를 보호하고 책임을 져야 한다. 물론 법적인 보호자가 되기도 하지만, 법을 운운하지 않아도 부모는 세상의 위험으로부터 자식을 지켜야 할 의무와 권리를 지닌다. 단, 무조건적인 보호 차원에서 아이를 컨트롤해서는 안 된다. 간혹 부모가 컨트롤 타워가 되어 마치 아이를 위한다는 생각으로 아이들을 마음대로 조정하려는 부모들, 결국 아이가 세상에 첫발을 내딛으려고 하는 순간 관계가 무너지는 모습도 너무나 많이 봐왔다. 특히 사춘기가 되면서 부모와의 관계성이 무너져 혼란을 겪는 가정의 모습도 많이 보인다.

부모는 아이들이 세상을 바르게 보고 살아갈 수 있는 힘을 가질 수 있도록 올바른 양육과 교육을 해야 한다. 아이들은 부모와의 관계를 맺으면서 생각을 하기보다 그 순간 부모와의 대화, 부모의 태도, 결정을 보면서 감정을 느낀다. 아이들은 그때의 그 감정과 느낌으로 자신의 가치관을 결정하고 세상을 바라본다. 마치 부모로부터 받은 태도와 감정이 세상의 전부인 것처럼. 자신의 가치관을 그렇게 결정한다.

영유아기 시절, 엄마와 떨어지는 것을 무엇보다 두려워하는 아이들이 있다. 내가 너무나 사랑하는 조카 관우도 그중에 한 명이다. 내 동생의 아들 관우가 처음 세상에 태어난 날 동생이 있는 산후조리원에 갔었다.

"어머, 어쩜 이리 못생긴 거야."

허걱, 나도 모르게 신생아를 보자 한 말이다. 진심으로 내가 태어나서 그동안에 봐온 아기들 중에 제일 못생겼다 해도 과언이 아닐 정도로 너무 놀란 나머지 나도 모르게 출산한 동생 앞에 말을 툭 던지고 나서 바로 후회했다. 하지만 동생의 말에 미안한 마음을 잠시 달래본다.

"언니야, 괜찮아. 나도 애기 보자마자 놀랬어."
"어, 그래. 그래도 처음에 못생긴 아이들이 점점 자라면서 잘생겨지고 예뻐지고 인물난다고 하잖니. 좀 기다려봐."

여동생 몸조리하는데 갔다가 나도 모르게 말실수를 하고, 후회가 막급했다. 그날은 회사 일도 늦게 끝나서 늦은 밤에 서울에서 동생이 출산한 인천까지 갔었다. 거기까지 가서 그렇게 말해야 했는지…. 동생이 괜찮다고 했지만 동생의 맘이 편치 않을 것 같아, 집으로 돌아오는 내내 차에서 후회했던 기억이 아직도 생생하다.

그래서인지, 관우가 3개월, 6개월, 9개월 이렇게 성장할 때마다 눈도 또렷해지고 점점 인물이 난다. 그때마다 더 보고 싶어졌다. 그러나 요 녀석, 자기 엄마 외에는 눈길도 주지 않았다.

신생아 때 낯선 사람에게 안겨도 잘 자는 아이가 있는가 하면, 자기 엄마 외에 다른 낯선 사람이 있으면 그렇게 울어대는 아이가 있다. 관우는 후자였다. 그 덕에 내 동생은 화장실도 제대로 못 갔다. 주변에 사람들이 해줄 수 있는 일이라곤 아이가 잘 때 바라보는 것이 다였다. 왜 저렇게 분리불안이 있을까?

어떤 날은 동생이 볼 일을 보러 화장실에 들어갈 때 문을 열어놓고 봐야 했다. 관우는 엄마가 없으면 그렇게 엄마를 찾아 울고불고 동네 떠나가라 울었기 때문이다. 신생아 때부터 아이가 어린이집을 다니기 전까지 지속되었다. 다행히 나는 관우가 너무 귀여웠다. 내게는 없는 아들이라 그런지 안 보면 그렇게 보고 싶었다. 관우를 자주 만났다. 여행도 자주 갔고 함께할 시간이 많았다. 그렇게 함께 보낸 시간이 많았음에도 불구하고 관우는 나랑 단 둘이 있으려고 하지도 않았다. 내가 할 수 있는 일이라고는 관우가 정말 졸릴 때 안고 재워주는 것 그것이 다였다. 이대로는 안 되겠다 싶어 관우와 소통을 할 수 있을 때쯤, 관우에게 제안을 했다. 관우가 세 살 때쯤이었을까?

"관우야, 이모랑 같이 가서 관우 좋아하는 과자랑 사탕 사올까? 좋지?"
"응. 엄마랑 같이."
"아니, 관우는 이모랑 같이 갈 거야. 엄마는 집에서 누나들이랑 있고."

그리고 귓속말로 이렇게 말했다.

"이모가 관우 진짜 좋아하는 장난감 사줄게. 이것은 비밀이야."

그동안 여러 번의 제안을 했었지만 거절했던 관우는 이번엔 "오케이!" 했고, 관우와 마트를 다녀오면서 종종 함께하는 시간을 보냈다. 관우는 지금 일곱 살이 되었고 누구보다 씩씩하고 오늘도 통화하며 태권도에서 초록띠를 땄다고 자랑한다.

내게는 여러 명의 조카들이 있다. 유난히 관우가 눈에 들어왔던 것은 어린 시절 분리불안의 모습을 봐서이기도 하다. 그 또한 가만히 들여다 보면 관우 엄마는 큰아이도 있고 해서 관우 출산 후 계속 집에만 있었다. 그렇다고 사교적인 성격으로 바깥 생활을 많이 하는 것도 아니고, 동네 맘들처럼 커뮤니티를 이용하는 것도 아니고 SNS를 따로 하지도 않았다. 그래서 집에서 오로지 관우랑 둘이 시간을 보내는 게 전부였다. 그러다 보니 관우는 자연스레 다른 사람보다 엄마에게 더 많은 애착을 가지고 성장했을 것이다. 물론 처음 어린이집을 보낼 당시도 주변 어른들로부터 걱정 어린 시선을 받아야만 했다.

"관우가 너랑 떨어질까?"
"그 시간 동안 어떻게 떼어놓으려고 해?"

하지만 동생 부부는 노심초사하며 걱정만 하는 그런 부모가 아니었다. 아이를 달래고, 설득하고 충분한 대화의 시간을 갖고 나서 관우를 5세반부터 어린이집으로 보내기 시작했고, 관우 엄마 역시 관우가 오기 전까지 일을 할 수 있었다.

이처럼, 아이가 세상에 태어나 처음 만나는 부모는 아이에게 영향을 미친다. 부모가 어떻게 생각하고 말하고 행동하느냐에 따라 아이는 분리불안을 지속시킬 수도 있고, 부모의 생각과 태도 결정에 따라 아이는 주어진 상황에서 벗어나 사회 속에 용감하게 뛰어들 수도 있다.

늘 엄마가 모든 것을 결정하고, 아이에게 스스로 할 수 있는 기회를 제공하지 않는 경우도 있다. 심지어 아이가 물을 쏟아도 어떻게 행동해야 하는지 모르고 가만히 있는 경우, 초등 중학년 이상인데도 불구하고 자신의 가방조차 챙길 줄 모르는 아이들, 당장 내일 있을 학원 스케줄로 머릿속에 정리가 되어 있지 않은 아이들도 있다. 이 아이들을 앞으로도 자신이 무언가를 스스로 준비하고 결정해야 할 때 방황을 하게 될 수도 있다. 어릴 때 충분히 많고 다양한 경험을 해봐야 성인이 되었을 때 주어진 상황을 쉽게 받아들일 수 있다.

이번 여행에서 어디를 가야 할지, 산이 좋은지, 바다가 좋은지 아이와 대화도 해보고 직접 여행 스케줄도 짜 볼 수 있도록 하는 엄마. 아이와

단 한 번의 의논도 없이 늘 자신이 결정하고 행동했던 엄마. 후자의 경우 이 엄마에게 자란 아이는 엄마와 분리되기 전까지 여행을 직접 계획하는 일을 해보지 않았기 때문에 삶 속에 무언가 계획하고 준비하는 일이 서툴게 될 수도 있다. 하지만 좀 오래 걸리더라도 여행 계획을 미리 준비하고, 가족들과 함께 다녀 온 경우 이 아이는 계획하는 과정에서 비교라는 것도 해볼 수 있고, 결정을 어떻게 내릴까 고민도 할 수 있으며 가족들의 응원과 격려 속에서 성취감도 맛볼 수 있을 것이다.

반면, 자립심이 강한 친구들도 있다. 간혹 아이들과 방학 스케줄을 잡은 선생님들은 엄마가 아닌 아이들과 소통하는 경우도 있다고 한다. 엄마가 스케줄을 모르고 "우리 아이랑 직접 이야기하고 제게 전달해주세요." 하는 경우. 엄마가 어릴 때부터 책임감을 아이에게 심어주고 자신의 일을 직접 할 수 있도록 위임해준 것이다. 이렇듯 엄마의 양육 태도에 따라 아이들의 습관이 자리 잡고 그것이 아이의 생각과 행동을 결정할 수 있다.

07

문제를 일으켜 자신을 드러낸다

20대가 되어, 나는 선교사자녀협의회에서 진행한 캠프에 교사로 참여했다. 결혼하기 전까지 여러 차례 아이들과 함께했다. 캠프에 참석할 수 있는 아이들은 세계 오지에서 선교를 하고 있는 선교사 자녀들이었다. 이 아이들은 대체로 상처가 많았다. 아이들의 부모는 하나님의 부름을 받고 소명을 이루기 위해 위험과 불편을 무릅쓰고 세계 오지까지 사명을 다하고 있다. 하지만 그들의 자녀들은 달랐다. 부모의 소명과 사명이 선교사이지 아이들 중에는 아직 하나님을 만나지 않은 아이들도 있었기 때문이다. 부모의 직업을 자신들이 선택하지 않았기 때문이다. 태어났을 때부터 선교사 자녀가 되어 있는 아이들이 있는가 하면, 한국에서 잘 살다가 어느 날 부모가 사명을 받고 세계 오지로 떠난 아이들도 있었다. 부모가 있는 곳이 너무 위험해서 아이들은 그 나라 외국인 학교에 머무르며 떨어져 살아야 하는 아이들도 있었다. 하나님을 믿음으로 만나지 못한 아이들 중에는 오히려 하나님과 부모에 대한 원망이 가득한 아이들도 있었다.

아이들에 대한 교육을 이수하고 정교사로 참석하던 해, 나 역시도 조심스러웠다. 혹시 상처 많은 아이들에게 내가 실수할까 봐. 나 역시 어린 시절 교사로부터 상처를 받았던 경험이 있었기에 내가 누군가에게 상처가 될까 봐 그 역시 걱정되었다.

내 예상과 달리 일주일간 나는 아이들과 많은 이야기를 하고 함께 기도하며 내 안에 미처 회복되지 못한 많은 것들을 함께 회복할 수 있었다. 나는 아이들과 함께 많이 울었다. 아이들과 마찬가지로 내게 있어서도 그 캠프는 치유와 회복을 선물로 안겨주었다.

담임에게는 5~7명의 아이들이 배정되었다. 학년은 골고루 섞여 있었고 그 안에서 리더도 세우고 형제들처럼 서로 보살펴주고 챙겨주고 기도해주며 작은 공동체를 이루었다. 다행히 우리 반에는 19세로 올해가 마지막 캠프인 아이도 있었다. 그런데 초등학생 우혁이는 참 말을 안 들었다. 청개구리 같았다. 늘 조별 모임을 할 때도 어디로 갔는지 형, 누나들이 찾아다녀야 했다. 간식을 먹을 때면 늘 기도하지 않고 우리가 기도를 끝내고 나면 혼자 먹고 있었다. 단체 사진을 찍을 때도 어김없이 찾아다녀야 했다. 이 녀석하고 일주일을 보낼 생각을 하니 앞이 막막했다. 하지만 이 또한 내가 감당할 만하니 주신 사명과 선물이라 생각하고 매일 아이를 위해 기도했다. 내가 묻는 말에도 다른 엉뚱한 대답을 해서 당황케 하는 일도 심심치 않게 일어났다. 오히려 제일 큰형인 하민이가 나를 위로해줬을 정도다.

캠프는 스케줄대로 진행이 됐지만 아이들이 자유롭게 서로 소통하고 휴식을 취할 수 있도록 쉬는 시간이 많았다. 나는 그 시간을 이용해 주로 아이들의 이야기를 듣고 위로를 해주고 위로를 받을 수 있었다.

그날도 어김없이 우리 조는 함께 조별 나눔을 하고 있었다. 역시 도망 다니는 우혁이를 하민이가 찾아와 자리에 앉혀놓았고, 우리는 진지하게 자신의 이야기들을 하나씩 풀어내며 서로를 위해 진심으로 기도해줬다. 그리고 이번에는 우혁이 차례였다. 과연 우혁이가 자신의 이야기를 꺼낼 수 있을지 걱정이 되었지만 우혁이는 말했다. 그리고 울기 시작했다.

"하나님이 싫어요. 엄마 아빠도 싫어요. 나는 그냥 평범하게 살고 싶어요."

우혁이의 말을 듣고 그 자리에 함께 있던 형, 누나들도 같이 울음바다가 되었다. 그리고 우리는 함께 울고 또 울고 안아주며 위로해주고 위로를 받았다. 몇 해의 캠프를 참여했지만 매번 선교사 자녀 캠프는 힘들고 어려운 만큼 내게 위로가 되었다. 상처받은 아이들을 위해 캠프를 준비하면서 정교사 자격도 받아야 하고 준비 기간을 가져야 한다. 정말 많은 선생님들의 시간과 노력으로 준비되는 캠프다. 특히나 우혁이와 함께했던 캠프는 잊을 수 없었다.

캠프를 마치고 어느 날, 캠프를 총괄하는 선교사님에게 전화를 받았다.

"김보민 선생님. 우혁이 기억나시죠?"

"네. 그럼요."

"고맙습니다."

"무슨 말씀이신지….."

"우혁이 힘들었을 텐데 쉽게 변하지 않는 녀석인데 이번 캠프로 깨달은 바가 많았나 봅니다. 현지에 돌아가서도 적응을 잘하고 있다고 해요. 우혁이 부모님에게 감사하다는 인사를 받았습니다. 우혁이를 지도하면서 무슨 일이 있었나요?"

"아니에요. 선교사님. 오히려 우혁이가 진심을 보여줘서 함께했던 우리 조 형, 누나들도 위로받고 감동했습니다."

다른 것은 없었다. 나는 이 아이들에게 진심이었고, 그래서 일주일이란 시간을 봉사하며 함께 보낼 수 있었고 그 시간마저 귀하고 감사했다. 아이들은 그런 내 마음을 알았기에 자신들의 내면 깊은 곳에 있는 마음까지 내게 보여줬고 함께 나누고 울며 치유되어 돌아간 것이다.

나는 엄마들에게도 말한다. 진심이면 된다고. 내가 아이를 사랑하는 마음을 담아 진심으로 표현하면 된다고. 하지만 한국 엄마들이 참 못하는 것이 자신의 마음을 아이에게 제대로 전달하지 못한다는 것이다. 사랑해서 잘되길 바라는 마음에 나중에 좋은 직업을 가지라고 학원을 보내주는 것이라 엄마는 말한다. 하지만 과연 내 아이도 그렇게 느낄까? 아이가 진짜 바라는 것이 무엇인지 생각해봐야 한다.

학부모 상담을 하다 보면 내 아이에 대해서 묻기도 하지만, 간혹 다른 집 아이 이야기를 하거나 묻는 엄마들도 많다. 왜 그럴까? 왜 내 아이가 아닌 다른 집 아이 일에 그토록 관심이 많을까?

엄마들은 그 아이와 내 아이를 비교하고 있었던 것이다. 내 아이보다 못한 옆집 아이를 보면 내가 더 잘 키운 것 같아서 안심이고, 내 아이보다 더 잘난 아이가 있으면 내 아이가 그 아이보다 못난 거 같아서 불안하다. 그럴 필요가 전혀 없는데 말이다. 내 아이는 내 아이 있는 존재 그대로 사랑해주면 된다.

한번은 같은 모둠 수업을 받는 지연이에 대해 엄마들의 의견이 다분했다. 또래 아이들보다 영어 단어 외우는 속도가 빨라서 영어 단어를 많이 알고 있는데 회화는 못하더라는 것이다. 그러더니 결국 지연이 엄마 이야기까지 나왔다.

지연이는 7살 때까지는 여느 아이들처럼 평범해서 이 모둠 친구들하고도 잘 어울렸다고 한다. 하지만 지연이 엄마가 지연이가 좀 뛰어난 기질을 보이자 유명 학군의 학원으로 데리고 다니기 시작했단다. 그 후로 동네에서 지연이를 보기가 힘들어졌다고 한다. 아니나다를까 지연이가 1학년에 입학하자마자 반응이 나왔다.

어른들이 안 보는 곳에서 친구의 물건을 훔쳐서 반에서 난리가 났다고 한다. 남자친구의 다리를 걸어서 넘어뜨리기도 했고, 한번은 물건을 던졌는데 그 물건에 친구가 맞아서 엄마가 학교에 불려 오게 되었단다.

결국 학폭위까지 열릴 뻔했지만 지연이 엄마가 사방팔방 다니며 사과를 했고, 지연이는 결국 학원을 다 정리했다고 한다. 이후 지연이는 이와 같은 행동을 보이지 않았다고 한다. 나 역시 지연이를 몇 번 본 적이 있었다. 늘 밝게 인사하고, 친구들 사이에 리더처럼 보이던 그 아이에게 이런 아픔이 있었다는 것이 안타까웠다. 다행히 지금은 정리가 다 되어 이사를 갔다.

참 안타까운 사연이다. 엄마 사랑 맘껏 받으며 놀아도 부족할 나이 일곱 살에 엄마 손에 이끌려 학원을 다니는 아이의 심정이 어땠을까? 오죽 했으면 자기 좀 봐달라고 여러 차례 사건을 만들어 몸짓을 했을까?

물론 이 사건으로 지연이 엄마 역시 깨달은 바가 많았으리라. 그런데 이것이 비단 지연이 엄마만의 문제는 아니다. 나 역시도 집에 있는 것보다는 아이가 학원에서 뭐라도 더 배우는 게 낫다 생각되어 유치원에서 하원하는 아이를 차에 태워 학원으로 돌렸던 경험이 있다.

엄마들은 아이가 태어나서 처음 걷고 말하면 모두 다 내 아이가 천재라고 착각한다. 나 역시도 마찬가지. 그런 내 아이가 좀 더 잘되길 바라는 마음으로 시간 투자 돈을 투자하며 학원에 보낸다. 물론 그 스케줄을 잘 소화해내는 아이가 있고, 그 스케줄이 버거운 아이도 있다.

여기서 중요한 건 아이가 진정 바라는 것이 무엇인가 엄마인 내가 고민해봐야 한다는 것이다.

"아이는 스스로 할 수 있는 행동에 대해 방해를 받으면 자신의 힘을 보여주기 위해 문제 행동을 일으킬 수도 있다."
— 루돌프 드라이커스, 『민주적인 부모가 된다는 것』

08

자신을 표현하는 일에 서툴다

나의 어릴 때 사진을 보면 얼굴에 표정이 없다. 단체 사진도 그렇고, 개인 사진도 그렇고. 얼굴에 표정이 없다. 정말 신기한 건 사진 속에 등장하는 나의 조부모도, 사진 속에 등장하는 엄마도 표정이 없다.

내 사진 속에 등장하는 인물들은 마치 약속이라도 한 듯 표정이 없었다. 다만 한 사람, 지금은 세상에 없는 나의 아빠만 웃고 있다. 물론 아빠와 함께 있는 사진 속 어린 나는 웃고 있었다. 부모는 자식의 미러링이 된다는 말이 이런 뜻일까.

그 어린 시절에도 아빠와 함께 있는 사진 속에서만 웃고 있는 내 모습을 보니, 여러 가지 생각이 들었다. 내게 웃음을 주던 아빠는 나의 막냇동생이 태어나던 그해에 우리 곁을 떠났다. 그 이후 우리 가족은 우리가 살던 곳을 떠나 서울로 이사 왔고 새로운 터를 마련했다.

나의 조부모님은 우리 사정을 모르는 낯선 곳으로 가서 새롭게 시작해야겠다는 생각과 아이들의 교육 문제로 서울행을 선택한 것이다.

"너희 아빠는 늦게 오시니? 어디 가셨니?"
"아뇨. 우리 아빠는 미국에 갔어요. 아니, 외국에 갔어요."

외국과 미국의 차이가 뭔지도 모르던 나이. 아빠를 다시 볼 수 없다는 것은 아는 아이였지만 나는 어른들의 가르침대로 누군가 물어보면 마치 사실인 것처럼 이렇게 대답했다.

"우리 아빠는 미국, 아니 외국에 갔어요."

그때부터였던 것 같다. 내가 내 생각을 다른 사람들 앞에서 정확하게 말하지 않게 된 시기가. 나는 친구들 앞에, 친구의 부모들 앞에, 심지어 학교 선생님, 동네 사람들이 다 물어봐도 늘 똑같이 대답했다. 그 이유도 알았다. 나의 할아버지와 할머니는 늘 말씀하셨다.

"밖에 나가서 이렇게 행동하면 애비 없어서 그런다는 소리 듣는다."

　어른들이 숟가락 놓기 전에는 먼저 숟가락 내려놓지 마라, 어른들 식사할 때 누워 있으면 안 된다, 밖으로 나가도 들어올 때는 항상 인사해라 등 자주 하시던 말씀. 예절 교육을 더 중시하셨던 것도 이 때문이리라.
　어린 나는 사람들과 더 길게 대화하다 보면 거짓말이 들통이라도 날까 싶어서 내 생각을 말하지 않았다. 대신 일기장에 글로 적기 시작했다.

　유치원에 입학해서 마음에 드는 남자아이를 처음 만났다. 하지만 난 유치원을 졸업하는 그날까지 그 아이에게 말 한 번 붙여보지 못했고, 재롱잔치가 있던 날 엄마에게만 살짝 "엄마, 저 아이가 내가 좋아하는 아이야."라고 말했던 기억이 어렴풋이 난다. 지금 생각하면 그것이 뭐 그리 대단한 일이라고 말도 못 붙였을까.
　그렇게 유치원을 졸업하고 초등학교에 입학했다. 그 이후에도 나는 있는 듯 없는 듯 교실에 조용히 앉아 있어야 했다. 내가 유일하게 소통할 수 있는 사람은 우리 할아버지, 할머니, 엄마였다.

　수업 시간에 선생님이 이름이라도 부를까 조마조마했던 기억도 새록새록 떠오른다. 그렇게 어린 시절, 나는 누군가 내 이름을 부를까 노심초사하며 있는 듯 없는 듯 조용히 지냈다. 묻는 말에 뭐라고 대답해야 할지도 모르겠고, 할 말도 없었고, 무엇보다 거짓말이 들통 날까 봐 걱정되었던 것이다.

그렇게 초등학교 6학년이 되어, 세상없이 긍정적이고 밝은 친구를 사귀게 되었고, 그 친구로 인해 내 주변에도 친구들이 많아졌다. 그러면서 내 성격도 조금씩 변했던 것 같다.

어느날 나는 친구에게 질문을 건넸다.

"친구들에게 인기가 많으려면 어떻게 해야 해?"
"너는 재미있는 말을 어떻게 연구하니?"

다른 기억들은 다 잊어버려도 이 일은 잊혀지지 않는다. 지금도 잘 저장되어 있는 나의 기억을 꺼내본다.

가정은 아이가 처음 내딛는 작은 사회이다. 이 작은 사회에서 자신의 존재와 가치를 인정받지 못했던 나는 학교라는 공동체 안에서도 적응하는 데 시간이 필요했다. 이후 다양한 사회 경험을 통해 자존감을 회복할 수 있었다.

매 순간 위기가 찾아올 때마다 책을 읽었다. 교육을 받았다. 다양한 공동체에서 여러 모습의 아이들을 만났다. 고객들과 상담하면서 아이를 위해 부모가 할 수 있는 방법을 알았다. 지금은 내 아이를 어떻게 키워야 하는지 누구보다 잘 알고 있고 실천하고 있다.

이와 같은 과정을 통해 무엇보다 어린 시절 아이에게 중요한 것은 자아 존중감. 아이의 자존감이라는 것을 알았다. 사회생활을 통해 자존감 높은 남편을 만났다. 자존감 높은 남편을 나의 잠재의식이 찾았을지도 모른다. 남편이 아이에게 하는 말투 행동을 보면서 남편의 어린 시절도 볼 수 있었다.

시기적절하게 나는 아이가 5세가 되는 해, 시댁에 들어오기로 결정했다. 직장맘이기에 육아에 있어 시부모님의 도움을 양껏 받았다. 교육 서비스 회사에 다니고 있는 나는 부모의 양육 태도가 아이에게 어떤 영향을 미치는지 여러 사례를 통해 충분히 알고 있었다. 의심 없이 시댁행을 결정했고 두 분의 도움으로 우리 아이는 자존감이 높은 아이로 키울 수 있었다.

나의 어린 시절 경험으로 인해, 어느 집단을 가든지 나는 늘 주눅 들어 있는 아이, 표현을 잘 하지 못하는 아이, 가급적이면 눈에 띄고 싶지 않아 고개 숙이고 풀이 죽어 있는 아이, 있는 듯 없는 듯 자신을 드러내지 못하는 아이, 문제를 일으키는 아이들에게 눈길이 더 간다.

그 아이들은 말하지도 않고, 티 나지 않게 조용히 있으려고 한다. 하지만 내게는 어느 누구보다 자신의 이야기를 들어 달라고 도움을 달라고 요청하는 것처럼 보인다. 그 아이들은 쉽게 자신의 이야기를 들려주지 않는다. 친해지고 또 친해지고 진심을 보여줬을 때 비로소 아이들 자신의 내면 이야기를 들을 수 있었다.

논술 수업을 하던 시절, 유난히 조용한 남학생이 있었다. 논술 수업의 특성상 역사와 고전에 대해 토론하고 글쓰기를 진행한다. 하지만 다른 친구들과 다른 게 민석이는 늘 아무것도 하지 않는다. 친구들은 각자 자신의 생각을 거침없이 이야기하지만, 민석이는 '멍' 때리기를 하고 있는 경우가 더 많았다. 안 되겠다 싶어 하루는 민석이를 남겨서 면담을 해야겠다는 생각이 들었다.

역시 처음에는 아무 말도 하지 않았다. 수업 시간 전후로 민석이를 위해 15분씩은 비워두었다.

어느 날 듣게 된 민석이의 말은 내가 생각했던 것보다 더 심각했다.

"선생님, 저는 제가 왜 이 세상에 태어났는지 모르겠어요. 학교도 왜 다녀야 하는지 모르겠고요. 공부도 하고 싶지 않아요. 아빠 엄마도 제게 관심이 없어요. 제가 왜 살아야 하는지를 모르겠어요."

민석이는 내성적이고 평소에도 조용한 아이였다. 그런데 학교 폭력에 시달리고 있었다. 하지만 부모님은 자신에게 관심조차 없다고 생각하고 혼자 끙끙대고 있었던 것이다. 그 순간 아무 말 없이 민석이를 안아주었다. 한참을 그렇게 울었다. 우는 민석이를 보고 함께 울었다. 그리고 종종 시간을 내어 민석이의 이야기를 들어주고 나의 이야기를 들려줬다. 그리고 민석이에게 세상은 살아갈 만하다고, 신은 우리가 감당할 수 있을 만큼의 십자가를 준다고, 이번 일을 계기로 더 강해질 것이라고, 이번 경험을 계기로 민석이도 누군가를 돕는 삶을 살게 될 것이라고 말해줬다. 물론 지금 민석이는 아주 잘 성장해서 꿈을 실현시키기 위해 노력하는 멋진 대학생이 되었다.

이처럼 자존감이 낮은 아이들 중에는 자신의 솔직한 내면 이야기를 드러내지 않는 경우가 종종 있다. 부모로부터 사랑을 받은 경험이 없어서, 자신의 감정을 어떻게 표현해야 하는지를 모르는 경우다. 물론 부모가 사랑을 줬다고 말할 수 있겠지만, 사랑은 받는 사람이 함께 느낄 수 있어야 진정한 사랑이 된다.

아이의 자존감은 엄마의 태도에서 결정된다

3장

자존감이 높은 아이들은
이것이 다르다

01

놀이 또는 학습 계획을 주도적으로 할 수 있다

누가 시키지 않아도 아이가 주도적으로 무언가를 하고 있다는 것은 아이의 마음이 안정된 상태에 이르렀다는 것이다. 만약 아이의 마음이 불안하다면 무엇이든 적극적으로 할 수 없기 때문이다. 아이의 내면에 무언가 해결되지 않은 생각이 가득하다면, 불안과 근심, 걱정이 있다면 끊임없이 부정적인 생각들이 아이를 괴롭히고 있을 것이다. 그로 인해 아이들은 절대 주도적으로 놀이를 하거나 학습을 계획할 수 없다.

우리 진이가 4살 때의 일이다. 당시 회사에서 지점장의 직책을 갖고 있었던 나는 늘 바빴다. 그래서 평일엔 진이를 늦은 시간까지 봐주는 이모 님을 고용해서 도움을 받고 있었다. 대신 나와 남편은 주말을 온전히 아이를 위해 사용하기로 했다. 지금도 그 마음은 변하지 않았다. 만약 주말에 출근을 해야 할 상황이 생기면 나는 아이를 데리고 출근을 했었다.

내가 회사를 다니는 이유는 성취감도 있겠지만, 나 역시 여느 엄마들처럼 내 아이에게 더 좋은 환경을 마련해주고자 하는 마음이 가장 컸다. 나는 교육 회사를 다니고 있었고, 많은 전문 서적을 통해 아이에게 가장 중요한 것은 엄마와의 관계라는 것을 알고 있었다.

회사를 다니지 말고 집에 있을까도 잠시 고민했다. 하지만 나는 집에 가만히 있을 사람이 못되었다. 출산 휴가 3개월도 채 쓰기 전에 회사에서 복직 권유 전화를 받았을 때 바로 "예."라고 말한 이유도 이 때문이다.

아이를 낳고 3개월차에 접어들어, 집에 가만히 아이와 단둘이 있으니 불안감과 우울감으로 아이에게 좋은 영향을 줄 수 없을 것이라는 생각도 들었다. 내가 절대 그런 사람이 아닌데 오후 6시만 되면 언제나 늦은 퇴근을 하는 남편인지 알면서도 남편에게 그렇게 전화를 해대는 나를 발견하고 깜짝 놀랐다.

나는 아이를 낳기 전까지 줄곧 일을 했던 사람이라 집에서 아이와 둘이 있는 그 3개월의 시간을 어떻게 사용해야 할지 몰랐다. 딸에게는 미안하지만 결국 내가 일을 선택한다면, 우리 딸아이에게 부끄럽지 않은 엄마가 되기 위해 매 순간 최선을 다하고 최고가 될 것이라고 스스로 다짐했다.

지점장이었던 나는 일이 끊임없었다. 그 주말 저녁에도 함께 실컷 놀다가 잠이 든 진이를 거실에 두고 나는 서류 정리를 하고 있었다. 어느 정도 일을 하다가 아이가 깰 시간이 다 된 것 같아 거실로 나가보았다. 그랬더니 우리 딸이 선생님 놀이를 하고 있었다. 당시 또래 아이들에게는 뽀통령이라고 불렸던 뽀로로 캐릭터 인형이 우리 집에서 패티와 뽀로로가 준비되어 있었다. 한쪽에는 뽀로로를 또 다른 한쪽에는 패티 인형을 재워놓고 우리 딸은 그 중간에서 책을 펼쳐들고 읽어주고 있었다. 물론 우리 딸은 한글을 늦게 떼서 진짜 책을 읽어준 것은 아니다. 심지어 들고 있는 것도 당시 나의 다이어리가 아닌가 싶다.

어쨌든 아이는 엄마가 일하고 있다는 것을 알고 자신도 나름대로의 놀잇감을 찾아 놀고 있었던 것이다. 뿐만 아니라, 마이크를 들고 당시 유행하던 〈겨울왕국〉의 '렛잇고' 노래를 부르고, 두루마리 휴지를 풀어 던지며 침대 위에서 렛잇고 노래를 부르던 딸아이의 어릴 적 모습이 생생하다. 나는 직장맘이라는 이유로 늘 아이에게 미안했다. 하지만 엄마의 그 마음을 알았는지 아이는 내가 주는 영양분을 먹으며 잘 성장했다.

나는 초중등 아이들의 독서 논술을 지도하는 원장님들의 교육 마케팅을 하고 있는 센터장이다. 하다 보니 정말 다양한 사례를 듣게 되고, 다양한 아이들과 부모님을 만나게 된다. 아이가 성장해서 이제 초등학교 중학년이 되었고 그러다 보니 고민할 것은 아이의 주도 학습이다.

얼마 전, 주도 학습 자격증 취득을 위해 강의를 듣는데 강사가 이런 질문을 했다.

"청개구리 이야기 다들 알고 계시죠? 청개구리는 늘 엄마의 말을 안 듣고 반대로 행동했어요. 그러자 청개구리 엄마는 청개구리에게 부탁을 합니다. 엄마가 죽으면 냇가에 묻으라고. 늘 반대로 행동했던 청개구리를 알고 있었던 엄마는 이렇게 주문하면 청개구리가 양지 바른 곳에 묻어줄 것이라고 생각했습니다. 그러나 청개구리는 엄마가 죽자 이번만은 엄마의 마지막 소원을 들어주겠다며 냇가에 엄마의 무덤을 만들어줍니다. 여러분은 어떤 생각이 드시나요?"

청개구리 엄마는 청개구리를 한 번 더 믿어 줘야 했다. 이것이 주도 학습이랑 어떤 관계가 있냐고?

자기 주도는 아이를 믿어주는 것에서 시작한다. 잘 놀 줄 아는 아이도,

자기 학습을 주도적으로 하는 아이도 부모와의 관계 믿음에서 출발한다. 앞의 사례에서 언급한 우리 딸아이의 놀이 모습을 생각하면서 이런 생각이 들었을 것이다.

"맞아. 우리 아이도 어릴 때 혼자 잘 놀았었는데."
"시키지 않아도 기가 막히게 놀잇감을 갖고 놀았는데."
"그런데 왜 언제부턴가 공부는 스스로 하지 않는 거지?"

그렇게 놀이 계획을 잘 짜던 아이들이 왜 커서는 학습 계획을 주도적으로 할 수 없게 되는 걸까? 자세히 들여다 보면 아이에게는 외적인 환경도 있고, 내부적인 환경도 있다. 엄마가 주로 아이에게 다그치는 경우가 이에 해당하는데, 오늘 아침을 상상해보자. 일어나서 아이에게 처음 했던 말이 무엇인가? 학교에서 다녀온 아이에게 엄마가 했던 질문은 무엇인가? 학원을 가는 아이에게 엄마가 해줬던 말, 학원을 다녀온 아이에게 내가 오늘 했던 말은 무엇인가? 밥을 먹고 있는 아이에게, 밥을 다 먹은 아이에게 나는 오늘 무슨 말을 어떻게 표현했는가?

"오늘 학교에서 뭐 배웠어?"
"수학 숙제, 영어 학원 숙제는 다 했니?"
"빨리 밥 먹어. 그래야 학원 가지."

"도대체 언제 할래. 진짜 엄마가 여러 번 말하게 할래?"
"언제 다 할 거야? 엄마가 게임 그만하라 그랬지?"

이 모든 말들이 엄마가 자주 하는 말이고, 이 말들이 아이의 자존감을 떨어트리는 말이다. 이 말들이 아이가 주도적인 학습 계획을 할 수 없도록 만드는 말이다.

전 세계에서 노벨상을 가장 많이 받는 유대인들의 부모들은 아이들에게 이런 질문을 한다고 한다. "오늘 무엇을 배웠니?"가 아닌 "오늘 주로 어떤 생각을 했니? 학교에서의 생활은 어땠어?"라는 질문이다. 우리가 아이에게 하는 말을 들여다보면, 부모는 아이를 보자마자 자신이 가장 중요하다고 생각하는 질문을 하고 말한다. 나는 이 사실을 알고 나서부터 우리 딸아이가 다섯 살이 되어 함께 잠잘 때마다 묻는다.

"오늘은 어떤 하루였어? 기분 좋은 거 하나, 속상했던 거 하나씩 말해 볼까?"

이 질문을 통해 하루 동안 떨어져 지냈지만 아이의 감정을 들을 수 있었다. 어릴 때부터 아이가 자신의 감정을 들여다볼 수 있는 연습을 시키고 싶었다. 물론 지금도 아이와 잠들 때마다 이런 대화를 나눈다. 언젠가부터 우리 딸은 말한다.

"엄마도 말해줘. 엄마는 오늘 어떤 하루였어?"

그렇게 우리 모녀는 서로의 감정을 들여다보고 이해한다. 놀이와 학습 계획을 주도적으로 할 줄 아는 아이는 엄마와의 관계가 믿음으로 다져진 끈끈한 관계일 때 가능하다.

02

상황에 대한 이해와 판단 능력이 뛰어나다

미국 하버드대학 교육학과 조세핀 킴 교수는 "자존감은 성공적인 인생을 살아가는 데 꼭 필요한 핵심 요소 중 하나이며, 기본적으로 우리 자신에 대한 신념들의 집합이다. 자존감의 가장 중요한 핵심 두 가지는 자기가치와 자신감이다."라는 말을 했다.

그것이 바로 자존감이다.

"자존감은 학업뿐 아이라 삶의 거의 모든 영역에 영향을 준다. 살아가면서 생기는 문제를 극복할 때 자존감이 낮은 사람보다 높은 사람은 더 잘 이겨내고 성공한다."라고 EBS의 〈아이의 사생활〉에 나온다.

이미 우리가 알고 있듯이 자존감은 우리 삶의 전 영역에 있어 필수 요소이다. 간혹 자부심과 자신감, 자존감이 헷갈리는 경우도 있다. 자존감은 모든 요소를 아우르는 상위 요소이다. 조세핀 킴 교수는 『우리 아이 자존감의 비밀』에서 이렇게 말한다.

"자부심은 자신의 능력이나 노력에 의한 성과를 통해 발생하는 긍정적인 자의식이다."

즉, 우리가 일시적으로 목표한 바를 성취했을 때 느낄 수 있는 감정으로 일시적으로 맛볼 수 있는 달콤한 감정이다. 예를 들면 이번 시험에서 100점을 목표로 공부했던 아이가 100점을 맞았다면 아이의 자부심은 일시적으로 올라갔다가 다시 사라질 수 있는 감정이다.

"자존심은 남에게 굽히지 않고 스스로 자신의 품위를 지키려는 마음을 뜻한다. 즉, 다른 사람과의 비교를 통해 자신을 인정하려는 마음이다."
— 조세핀 킴, 『우리 아이 자존감의 비밀』

"어휴, 자존심 상해."

"자존심 좀 지켜."

"너는 자존심도 없냐?"

이런 말은 드라마에서나 혹은 주변에서 자주 듣게 되는 말이다. 이 말은 자기 자신을 남과 비교했을 때 하는 말이다. 가령, 이번 달리기 시합에서 내가 누구를 이길 수 있을 것 같았는데, 혹은 이번 발표에서 내가 1등을 할 수 있을 거라 생각했는데 생각처럼 되지 않았을 경우, 만족할 만한 점수를 받지 못했을 때, 혹은 잘 차려입고 친구들을 만났는데 다른 아이가 나보다 더 멋지게 입고 나와 상대적으로 위축감을 느꼈을 때 하는 말이다.

즉, 나와 남을 비교했을 때 할 수 있는 말이라는 것이다. 자존감은 상황과 상관없이 가지는 스스로에 대한 강한 믿음이다. 자부심, 자존심보다도 상위 개념으로 나의 내면이 굳건하게 세워져 있고 단단하게 채워져 있을 때를 말한다.

내가 누구인지 알고, 내가 나를 사랑하며, 다른 사람들로부터 충분히 사랑받을 자격이 있다는 믿음, 내가 잘 해낼 수 있다는 믿음이 있을 때 자존감이 존재한다. 이렇게 자존감이 높은 사람들은 아이들이라도 상황에 대한 이해와 판단 능력이 뛰어나다.

아이들을 보다 보면 다툼과 문제가 늘 일어난다. 문제가 발생했을 때 끝까지 끊임없이 싸우는 아이들이 있는가 하면, 어느 순간 중재를 하고 나서는 친구들이 있다.

나는 딸아이와 여행을 자주 다닌다. 직장맘이라는 이유로 미안한 마음도 있지만 사실 우리 부부는 여행을 즐긴다. 우리의 삶을 돌아보면 남편도 어린 시절 가족들과 여행을 자주 다녔고 나도 어린 시절 여행을 잘 다녔다. 심지어 초등학생인데도 불구하고 혼자 고속버스를 타고 이모할머니네 놀러갔던 기억도 있다.

그렇게 성장한 우리는 딸아이가 태어나자마자 임신 막달에도 비행기타고 해외여행을 다녔다. 이 정도면 말을 다한 것 아닌가 싶다.

딸아이가 일곱 살 때, 동생네랑 사촌언니네랑 함께 여행을 다녀왔다. 조카들은 우리 딸과 동갑내기 또는 한두 살 터울로 어릴 때부터 여행도 자주 다니고 만났던 터라 두루두루 잘 지낸다.

그런데 한 살 터울인 남동생네 아들과 사촌언니네 아들이 수영장에서 물놀이를 하다가 다툼이 벌어졌다. 둘 다 한 성격하는 녀석들로 쉽지 않은 상황. 그런데 그 상황에 우리 딸은 중재를 하겠다고 그 사이에 서서 한마디 거든다. 멀리서 보고 있던 나는 웃음이 났다. 체격도 왜소한 것이 오빠와 친구가 싸우는데 겁도 없이 달려들다니. 거들다 상황이 쉽사리 해결되지 않으니 나를 찾으러 왔다.

"엄마, 준이랑 오빠랑 둘이 싸우는데 내가 해결하려고 했는데 내 말을 안 들어."

가서 보니 두 녀석이 물놀이를 하다가 싸움이 일어난 것이다. 싸우는 두 녀석을 서로 떼어놓고 물어봤다. 둘을 떼어놓고 보니 얼마나 씩씩거리고 있던지.

"자, 말해봐. 도대체 무슨 일이니?"
"저는 물속에서 놀고 있었는데 준이가 먼저 저를 발로 찼어요."
"준아, 사실이야?"
"아니에요. 저는 몰랐어요. 제가 그런 게 아니에요."

말이 떨어지자마자 또 형아는 씩씩거리며 "네가 쳤잖아." 했다.

"그래서 너희들 어떻게 했으면 좋겠어. 이모가 들어보니 준이는 자기가 친 것도 모르고 실수로 한 것 같은데, 맞아 준아?" 고개를 끄덕거리는 준이.

"그런데, 형이 나오자마자 나한테 나쁜 말 했어요." 그래서 달려들어 싸움이 난 것이다.

"알았어. 그럼 준이는 실수였지만 형을 때렸고, 형은 나오자마자 준이한테 욕하고 서로 한 가지씩 잘못했네. 어떻게 할까?"

다행히 두 아이는 길게 가지 않고 서로 사과를 하며 일은 마무리되었다. 나는 아이들이 다 같이 놀다가 다툼이 벌어지자 반응하는 행동을 지켜보았다. 오빠들의 싸움에 얼음이 되어 아무것도 하지 않고 지켜보는 아이들, 형아들이 싸우니까 놀래서 엄마를 찾으러 온 꼬맹이 관우. 친척들 중 유일하게 외동딸이었던 딸아이. 어떻게 해야 할까를 먼저 고민하고 직접 해보고 도움을 요청한 딸아이의 모습을 나는 보게 되었다.

그러고 보면 나는 항상 내 아이가 스스로 생각하고 판단해볼 수 있는 시간을 주었다. 그리고 결정할 수 있도록 격려해주었다. 그것이 어떤 상황에서도 이해하고 판단할 수 있는 능력을 제공해준 것이라고 믿는다. 결국 아이에게 충분히 생각해볼 시간과 다양한 경험을 통해 훈련해볼 수 있도록 기회를 제공해주는 것도 부모의 역할이라고 생각한다.

성인이 되어도 적절한 사고 습관과 훈련이 경험되어 있지 않으면, 상황에 대한 이해력이나 판단력이 흐트러진 사람들도 많이 봐왔다. 그래서 가급적 어릴 때 다양한 경험을 해보고 그 안에서 다양한 생각도 하고 해결책도 마련해보고 적용도 해보는 것이 필요하다.

문제가 생겼을 때 여러 가지 방법으로 시도하고 적용해보며 문제 해결을 위한 능력을 키울 수 있다. 이 모든 것은 부모에게 배울 수 있다. 부모가 만들어준 환경 속에서 아이는 부모의 가르침대로 적용하고 행동한다. 이와 비슷한 상황이 오면 응용해볼 수도 있다.

그런데 대부분의 부모는 아이들이 생각해볼 시간을 제공해주지 않는다. 위와 같은 상황이 있을 때 대부분의 사람은 나서지 않거나, 혹은 감정을 먼저 섞어서 하는 말이 있다.

"왜 여기까지 와서 싸우니?"
"빨리 사과해."
"엄마가 폭력은 무조건 나쁘다고 했지? 욕하지 말라 했지?"
"도대체 몇 번을 말하니?"

다그치는 말이다. 그런데 아이를 많이 봐온 나는 대부분의 아이가 이런 상황에서 억울한 감정을 많이 느낀다는 것을 안다. 어떤 상황에도 문제를 일으킨 아이나, 스스로 피해자라고 생각한 아이나 자신의 살아온 관점으로 해석하고 행동한 것이라 억울하기는 마찬가지.

나는 아이들이 다툴 때마다, 충분히 상황을 객관적으로 바라보고, 각자의 억울함을 해소할 수 있는 시간을 준다. 그렇게 있었던 일을 자기 입으로 말하면서 풀리는 부분도 있고 반성도 한다. 자기 관점만 바라보는 것이 아니라 친구의 생각도 들으며 오해를 풀기도 하고 사과하고 싶은 감정을 불러오기도 한다. 그렇게 아이들의 이야기를 듣고 있으면 함께 눈물 날 때도 있고, 아이들에게서 배울 때도 있다.

나는 대한민국 엄마들이 상황에서 조금은 벗어나 객관적으로 바라보며 아이들이 스스로 생각하고 문제를 해결할 수 있도록 충분히 생각할 수 있는 시간을 주었으면 좋겠다. 그러면 아이들은 스스로 더 나은 해결책을 찾을 수 있을 것이다.

"아이의 행동이 부모의 기대와 다르면 부모는 아이를 꾸짖는데, 비록 의도하진 않았다 해도 이것은 아이에게서 사랑과 인정을 거두어들이는 것이다."
  — 브라이언 트레이시, 『잠들어 있는 성공시스템을 깨워라』

새로운 것을 시도하고 배우는 것을 두려워하지 않는다

나는 어릴 때부터 욕심이 참 많았다. 내 밑으로 동생이 둘이나 더 있었지만 나는 하고 싶은 것은 다 시켜달라고 떼를 쓰기도 하고 단식투쟁도 하면서 어떻게든 이루었다. 동생들은 다 안 했지만 초등 시절에 스카우트까지 한 것 보면 말 다한 것 아닌가.

그래서인지 딸을 낳고 나서도 나는 아이에게 이것저것 가르쳐주고 싶었다. 영어는 기본이고, 피겨 스케이팅(한창 김연아 선수로 인해 유치원 엄마들 사이에 피겨 스케이팅을 시키는 것이 유행이었다.)뿐만 아니라 수영, 미술, 한자 등 시킬 수 있는 것은 다 시켜주고 싶었다. 교육 회사를 다니고 있어서 교육에 대한 욕심은 이루 말할 수도 없었다. 아이가 백일도 되기 전에 교육 제품을 사서 대기하고 있었으니 말이다.

하지만 아무리 엄마가 시킨다 하더라도 아이가 원하지 않으면 할 수 없는 법. 다행히 우리 아이는 내가 시키는 것들에 있어서 자연스럽게 배우고 익혔다. 물론 늘 긍정적인 영향만 있었던 것은 아니다. 한번은 아이가 초등학교 1학년 때 담임 선생님의 호출이 있었다.

"진이 어머님, 진이가 평소 몇 시에 잠이 들까요? 학교에 와서 1, 2교시는 거의 멍~하고 있다가 3교시부터 살아나는 것 같아요."

"자정이 지나 새벽 1시에 자는 경우도 있어요. 선생님, 아마 제가 임신해서 새벽까지 일하던 습관 때문인 것 같아요. 아이가 태어나서 조리원에 갔을 때도 조리원에서 가장 늦게 자는 아이라고 선생님들이 그러셨어요. 그 후 지금까지 쭉 일찍 잠이 들지는 않아요."

"그럼 어머님께서 일찍 재우고 일을 하시는 게 어떨까요? 지금도 그러면 앞으로 학업에 문제가 생길 수도 있을 텐데요."

"제가 노력을 안 했겠어요. 불을 끄고 재워도 제가 일을 하려고 하면 다시 일어나서 놀아요. 때로는 제가 먼저 잠이 들어버려요. 다시 노력은 해보겠습니다. 선생님."

"그리고 한 가지 더, 진이가 지금 학원을 많이 다니는 것 같은데요. 우리 반에서 진이가 학원을 제일 많이 다니는 거 같아요. 좀 줄여주셨으면 합니다."

　아이를 초등학교 1학년에 입학시킨 뒤 담임 선생님과의 대화다. 선생님은 아이가 1, 2교시는 지나야 정신을 차리고 있으니 학원이 힘든 것은 아닌지 물으며 소화할 수 있을 만큼 스케줄을 조정하라고 조언해주셨다. 학교 끝나고 집으로 가서 할아버지 할머니와 함께 시간을 보낼 수도 있었겠지만 기본적으로 매주 2회는 영어, 1회는 수영, 과학과 수학 학원을 보내고 나면 주 5일이 꽉 찬다. 이후 나는 딸아이에게 무엇인가 정리하자고 했지만 아이는 진심으로 자기가 좋아하니 좀 더 생각해보고 정리를 하겠다고 말했다.

　나는 우리 아이를 보면서 태교가 정말 중요하구나 싶었다. 아이를 임신했을 때, 성과가 잘나고 있었던 때였고, 팀워크가 좋았던 때라 정말 열심히 일했다. 더불어 그때 실적으로 해외여행 시책도 있었고 승진도 있었고, 안 그래도 일 중독이었는데 더 오랜 시간 근무를 자처해서 했었다. 그러다 보니 매일 퇴근 시간이 늦었고, 잠자는 시간도 늦었다.

　한번은 늦은 저녁 사무실 의자에 앉아 있는데, 아이가 다리를 쭉 뻗는 듯한 기분도 들었다. 제대로 한 번 누워 있지를 못해서 막달 엄마 배에 있던 아이도 힘들었나 싶었다. 조리원에서조차 늦게 잔다고 하니, 아이

잠자는 습관을 길들이기 위해 남편과 나는 불을 다 끄고 자는 시늉을 해도 눈이 말똥말똥했다. 아이가 아장아장 걷기 시작했을 때의 일이다.

침대에 불을 다 끄고 같이 자려고 했으나, 우리 부부는 침대에 있는데 아이는 놀고 싶어 하는 것이었다. 그래서 아이를 침대 아래로 내려줬더니 아장아장 걸어서 거실의 놀잇감이 있는 곳으로 갔다. 그때 우리는 두 손 두 발 다 들었다.

안 그래도 선생님께 이런 면담을 받았던 터라 조심스러워하면서 아이를 지켜보고 있었는데, 그 즈음 친구들이 스케이트를 배운다는 말에 딸아이도 스케이트를 시켜달라고 했다. 수영도 하고 있는데 과연 괜찮을까 싶었지만 아이가 바라는 일이라 시작했다. 학교와 학원 스케줄을 마치고 옷을 갈아입고 스케이트를 해야 했지만 딸아이는 너무 재밌어 하며 스케이트도 잘 배웠다. 지금도 스케이트를 했던 그때 기분을 잊지 못하고 코로나가 끝나면 스케이트도 다시 배우고 싶다고 말한다.

나는 어떤 것을 새로 시작할 때 아이에게 늘 의견을 먼저 물어봤다. 가령 스케이트를 배우고 싶다고 말할 때 비록 1학년이었지만 물어봤다.

"왜 스케이트를 배우고 싶어?"
"스케이트를 배우면 어떤 점이 좋을 것 같아. 딸?"

"수영도 하고 있는데 너무 힘들지는 않겠어?"

나는 아이의 생각을 물어 볼 수 있는 질문을 한다. 아이와 충분한 대화 후 내가 설득이 되었을 때 새로운 것을 경험할 수 있도록 해준다. 또 아이가 너무 하고 싶어 하지만 상황이 안 될 때가 있다. 내가 데려다줄 수 없는 경우, 아이의 다른 스케줄과 겹칠 경우, 또 나와 의견이 다른 경우가 그 예이다.

사실, 딸아이는 스케이트를 배우고 싶어 했지만 나는 시간이 안 돼서 일곱 살 때 시켜주지 못한 피겨 스케이팅을 배우게 해주고 싶었다. 그러나 우리 딸은 단호하게 "NO!"를 외치며 내게 물었다.

"엄마, 내가 하고 싶은 것을 배워야 하는데 왜 엄마가 하고 싶은 것을 나한테 시켜?"

"왜 내가 하고 싶은 것이 있는데, 엄마가 하라는 것을 해야 해?"

또다시 말문이 턱. 너무나 훤히 내 속을 들여다보는 딸 앞에 'KO'를 당한 엄마인 나. 이대로 무너질 수 없었다. 그쯤 리듬 체조를 하는 친구들이 주변에 있었다.

"진아, 그럼 리듬 체조는 어때? 너무 예쁘지 않아? 민정이랑 나은이랑 그거 배운대."

"아니, 엄마. 내가 하고 싶은 것은 스케이트라니까 왜 자꾸 다른 것을 나한테 말해. 그럼 엄마가 배우면 되잖아."

초등학교 1학년한테 제대로 패했다. 그래서 초등학교 1학년 새로운 아이의 운동은 스케이트로 결정되었다. 이후에도 나의 욕심은 끝나지 않았다. 아이가 3학년이 되었을 때 TV에서 리듬 체조 국가대표였던 손연재 선수가 운영하는 센터가 방송되었다. 역시 나는 딸아이에게 말했다.

"딸~! 이거 봐봐. 한번 배우고 싶지 않아?"
"음. 아니! 엄마는 아직도 그 얘기해?"

그 뒤로 완전히 접었다. 아이가 싫다는데 어쩌랴. 근거도 명확히 말하며 엄마가 하고 싶으면 엄마가 배우라는데, '뜨끔'했다. 진짜 아이를 위해서라기보다 엄마 만족이었는지도 모른다. 그렇게 부모 교육을 하고, 엄마들한테 아이가 진정 원하는 것을 시켜주고 아이의 내면을 들여다보라고 말하면서도 자식 교육에 있어서만은 또 객관적이지 못한 나는 대한민국 엄마였다.

아이가 4학년이 되었다. 나도 이제는 운동을 해야겠다는 생각이 들어

스트레칭부터 시작해야겠다는 마음으로 요가원을 찾았다. 아이도 함께 간단다. '어랏? 우리 딸은 정적인 운동을 싫어할 것 같은데…' 하는 마음이 한편에 있었지만 그래도 본인이 결정한 터라 데리고 갔다. 물론 오랜 시간 집중해야 하는 정통 요가 시간에는 아이의 '코골이' 소리를 들을 수 있었다.

하지만 '플라잉 요가' 시간에는 누구보다 집중하며 재밌어했다. 아이가 재밌어하기에 나도 그 수업에 들어갔다가 수업 중간에 밖으로 뛰쳐나가 토한 경험이 있었다. 1년 넘게 플라잉 요가를 배운 아이는 지금 누구보다 그 수업을 즐긴다.

우리 아이는 어릴 때부터 여행도 많이 다녔다. 다양한 학원 시설에 보냈다. 그래서인지 새로운 환경에도 잘 적응한다. 그리고 새롭게 무언가를 배우는 것에 있어 두려움이 없다. 심지어 새 학년 새 학기가 되어도 당연하게 받아들이고 매년 3월이 되면 새 친구를 만나게 되는 설렘으로 가득하다.

04

실패를 두려워하지 않고 도전할 줄 안다

자존감이 높은 아이들은 자기 자신을 사랑할 줄 안다. 자신에 대한 믿음과 확신이 있다. 그래서 자신 있게 새로운 일에 도전할 수 있는 용기와 자신감이 있다. 아이들은 경험이 많지 않다. 그럼에도 불구하고 이 아이들이 도전할 수 있는 이유는 실패에 대한 두려움이 없기 때문이다.

실패 없는 성공은 없다. 성공한 사람이라면 누구나 다 실패를 두려워하지 않는 마음이 있었기에 그 위대한 성공도 이뤄낸 것이다. 심지어 우리가 밥을 먹을 때 사용하는 젓가락질조차도 무수한 실패가 있었기 때문에 성공할 수 있었던 것이다.

처음부터 아이들이 실패를 두려워하지 않았다. 내 아이가 처음 걸음마를 시작했을 때, 단번에 일어나서 걸음마를 떼는 경우는 없다. 누가 가르쳐주지 않아도 아기는 때가 되면, 일어날 준비를 한다. 처음엔 스스로 앉기를 하다가 무언가를 잡고 일어나서 다시 주저앉고, 다시 서기를 반복하다가 결국 한 걸음, 두 걸음 걸음마를 뗀다. 그때 엄마의 역할이 무엇이었을까?

엄마가 아이를 덜렁 들어 세워놨더라면 그 아이가 걸음을 더 빠르게 잘 걸을 수 있었을까? 아니다. 아이 스스로 앉았다 일어났다 다시 주저앉기를 반복하는 과정을 엄마는 지켜봤다. 그리고 응원했다. 한 번에 성공하지 않더라도 엄마는 아이를 향해 말한다.

"우리 아기 잘한다. 다 그렇게 하는 거야."
"다시 한번 해볼까? 으차으차!"

그렇게 아이는 엄마의 눈빛과 응원을 보면서 다시 한번 일어날 힘을 얻고 용기를 내어 세상사 한 발 한 발 내딛는다. 어쩌면 엄마들의 자존심 싸움은 여기서부터 시작되었다 해도 과언이 아닌 듯 싶다. 아기 엄마들은 말한다.

"우리 애는 돌 전에 걸음을 뗐어요."

"우리 애는 백일 전에 뒤집었잖아요."

아니, 그게 뭐 그리 대단하고 중요한가? 아이들마다 다 타고난 것이 다름이 분명한데, 유전적 영향으로 얼굴은 물론이요 몸무게도 다르고, 심지어 뱃속에 머무른 시간도 모두 같지만은 않다. 태어나서 모유 수유를 한 아이도 있고, 분유를 먹은 아이도 있고, 심지어 분유의 브랜드도 다르고, 이유식은 말할 것도 없는데 이것저것 다 무시한 채 엄마들은 말한다. 다른 집 아이와 비교하며 지지 않으려고 "우리 아이는 돌 전에 걸었어요." 아니 그게 뭣이 그리 중요하단 말인가. 그 비교에서 시작된 엄마들은 아이가 자라는 동안에도 끊임없이 비교한다.

"우리 애는 네 살에 한글을 뗐어요."

"우리 애는 백일 지나서 바로 아빠, 엄마 말했잖아요."

그렇게 시작된 엄마들의 자존심 싸움은 결국 아이들이 시설에 입학하고 나서도 계속된다. 어린이집에서 재롱잔치라도 하는 날이면 '센터'에 우리 아이가 서 있어야 한다. 학교에 입학하고 나면 단원 평가에서 늘 좋은 점수를 받아야 한다.

엄마들의 숨겨진 이런 내면의 생각이 결국 아이들에게 전해진다. 아이들은 실패를 두려워하고 새로운 일에 도전하고 싶어 하지 않는 것이다. 결국 또 엄마한테 이런 이야기를 듣게 될 테니까.

"그러니까 엄마가 문제집 많이 풀어보라고 했잖아."
"그렇게 놀기만 하더니 네가 잘할 줄 알았니?"
"몇 번을 말하니, 책 좀 읽으라고."

모든 상황이 아이의 탓으로 전가된다. 엄마로부터 이런 말을 자주 들은 아이는 늘 모든 문제의 원인을 자신에게 있다고 생각한다. 혹은 아이가 더 자란 다음엔 엄마를 원망하는 마음만 가득 안게 된다. 결국 엄마와의 불화로 끝난다.

자기계발서를 보면 모든 문제의 책임은 자신에게 있다고 인정하는 것에서부터 시작한다고 말한다. 하지만 이것은 자기 스스로 인정하고 받아들일 때 성장할 수 있는 것이지, 남에 의해 타인에 의해 나로 인해 모든 문제가 생겼고 내 잘못이라고 인지하는 순간 아이는 좌절을 경험하게 되고, 그때의 나쁜 감정으로 더 이상 새로운 일을 하고 싶어 하지 않는 아이로 자라게 된다.

"미국의 자동차 회사 '포드'의 창설자로, 자동차 왕으로 불리는 헨리포

드는 어떤 문제에 대해서도 방황하지 않는 습관을 가지고 있었다. (중략) 시간을 긍정적이고 건설적인 방식으로 사용하는 습관을 만들어왔기 때문에 그에게 시간은 협력자이며, 스스로 생각하는 힘을 이용해 자신만의 계획을 만들어낼 수 있었다."

−나폴레온 힐, 『결국, 당신은 이길 것이다』

결국 어려움과 실패를 딛고 일어날 수 있는 힘은 방황하지 않는 습관, 시간을 협력자로 두고 사용하는 습관, 무엇보다 스스로 생각하는 힘을 가졌다는 것. 자신만의 방법과 계획을 세워 위기를 기회로 삼고 극복할 수 있었던 것이다.

아이들이 어떤 일을 시작하고 새로 배울 수 있는 용기와 기회를 제공하는 것은 결국 엄마이다. 아이의 성향상 새로운 일에 대한 도전을 두려워하는 아이도 있을 수 있다. 하지만 그때마다 엄마의 역할, 엄마의 말과 태도로 아이에게 새로운 기회를 제공해줄 수 있고, 이때 아이가 성공한다면 성취감을 가지고 새로운 일에 또 다시 도전할 수 있다. 이때 생기는 것이 자부심이다.

하지만 반드시 이때 엄마가 해줘야 할 것이 있다. 아이를 좀 더 객관적으로 바라보며 코치의 역할을 하는 것이다. 또래 엄마들 앞에서는 그렇게 누가 시키지 않아도 자랑하는 엄마들이, 또 겸손은 미덕이라고 한다.

누군가 아이의 성과나 성격을 칭찬하면 이렇게 말한다.

"아니에요. 어쩌다 운이 좋았죠."
"항상 그렇지 않아요. 집에서는 얼마나 말을 안 듣는데요."

굳이 왜 또 '아니'라고 말하는지 모른다. 심지어 아이 앞에서 '운'이었다고 말하지는 않았으면 좋겠다. 참 안쓰럽다. 아이는 그 성적을 내기 위해, 그 점수를 받기 위해 얼마나 노력했을까? 그런데 엄마는 노력의 과정을 무시한 채 다른 사람들 앞에서 '운'이라고 말한다. 과연 이 아이가 다음번에도 열심히 도전할 수 있을까? 이럴 땐, "고맙습니다."라고 말하고 인정하면 된다. 그러면 아이도 누가 시키지 않아도 다음번에 새로운 일에 다시 도전할 용기가 생길 것이다.

한때 메이저리그에 진출할 정도로 뛰어난 프로 야구 선수였는데, 나중엔 미국 최고의 보험 세일즈맨이 된 프랭크 베트거는 『실패에서 성공으로』에서 이렇게 말한다.

"내가 만났던 모든 리더와 성공한 사람들은 용기와 자신감을 가지고 있었고, 그들 대부분은 스스로 자신 있게 표현할 줄 알았다."

결국 우리가 아이들을 양육하며 바라는 것은 아이의 행복한 삶이다. 그 안에 리더로 성공했으면 하는 마음도 있고, 용기와 자신감을 가지고 어디서나 당당한 삶을 살길 바라는 마음도 있을 것이고, 무엇보다 생각을 자신 있게 표현해내는 것. 거기서부터 성공이 시작된다. 그것이 행복한 삶으로 가는 길이라 말할 수 있을 것이다.

하지만 알아둘 것은 이 모든 것이 갑자기 어느 순간 만들어지는 것도 학원에서 배울 수 있는 것도 아니라는 점이다. 영아기부터 어른으로 성장하는 과정까지 부모의 가치관과 노력, 기다림, 인내 속에서 아이들의 필요조건들이 만들어진다.

내 아이가 실패를 두려워하지 않고 도전하는 아이로 성장하게 하고 싶다면 오늘부터 기다림의 연습을 해보자. 아이는 엄마의 도움으로 실패를 이겨내고 도전할 수 있는 용기를 가질 수 있다.

상황에 대한 판단력과 문제 해결력이 뛰어나다

마이크로소프트 창업자 빌 게이츠가 어떻게 성공을 하고 자신이 원하는 세상을 이루었는지 최효찬의 『세계 명문가의 자녀 교육』을 보면 알 수 있다.

"빌 게이츠는 돈 많은 부모에 의지하지 않았다. 친구 폴과 함께 스스로 사업 자금을 조달했고 사업 시작 전에 부모님과 진지하게 상의했다. 물론 빌 게이츠는 대학에서 공부하는 것도 좋았지만 지금 당장 소프트웨어 회사를 차리지 않으면 다른 사람들에게 밀려나 두 번 다시 기회가 오지 않을 거라고 생각했다."

빌 게이츠는 어린 시절부터 부모를 닮고 싶은 인물로 삼았다고 한다. 그래서 그 유명한 하버드대학 재학을 중단하고 사업을 시작하기 전 부모님과 상의했고, 그의 아빠는 빌 게이츠의 확고한 의지를 보고 흔쾌히 승낙했다.

어린 시절부터 독서를 좋아하던 빌 게이츠는 학업도 꽤나 재미있었지만 순간 중요한 결정을 하게 된다. 지금 당장 사업을 시작하지 않으면 두 번 다시 기회가 오지 않을 것이라는 생각이 들었다. 어떤가? 당신이라면 빌 게이츠와 같은 상황에 놓였을 때 쉽게 하버드 학업을 중단할 수 있을까? 회사가 어찌 될지 앞날은 아무도 모르는데 말이다.

빌 게이츠는 옳고 그름, 우선순위에 따라 올바른 판단을 내리고, 자기 인생에 대한 책임을 질 준비가 되어 있었던 것이다. 만약 빌 게이츠가 이때 학업을 중단하지 않았더라면, 오늘날 우리 사회는 어떻게 변해 있을까? 빌 게이츠의 말대로 다른 누군가가 그 사업을 시작했다면 빌 게이츠의 말대로 다른 사람에게 기회를 주게 된 셈이다.

빌 게이츠가 이렇게 훌륭한 판단을 할 수 있었던 것에는 부모의 노력이 있었다.

"전 훌륭한 부모님을 두었습니다. 부모님은 집에 돌아오셔서는 비즈니스나 법률, 정치, 자선 활동 등 밖에서 경험한 것들을 우리들에게 고스란히 전해주셨습니다."

— 빌 게이츠, 워런 버핏, 『빌 게이츠 & 워런 버핏 성공을 말하다』

성공한 모든 이들에게 닮고 싶은 롤 모델이 있었다. 빌 게이츠에게는 그것이 부모님이었다. 그의 부모님은 집과 밖에서 일어나는 다양한 이야기를 아이들에게 전해주었다. 비즈니스를 비롯해 법률 문제, 정치와 자선 활동과 관련된 경험들까지 아이들에게 전해주었다.

빌 게이츠 가(家)만 그런 것이 아니다. 세계적으로 노벨상을 가장 많이 배출하고 있는 유대인들의 교육을 통해서도 알 수 있다. 우리에게 잘 알려진 유대인들의 교육을 '유대인들의 밥상머리 교육', '유대인들의 식탁 교육'이라고 한다. 유대인들은 식사 시간을 이용해 자녀들과 둘러앉아 아이들의 생각을 듣는다.

우리나라처럼 식탁에서 밥만 먹는 것이 아니라 둘러앉아 아이들에게 질문을 하고, 아이들의 생각을 듣는다. 이 시간에 정치와 경제 이야기를 함께 가르친다. 그냥 말 그대로 밥 먹듯이 교육을 하며 자연스레 자녀들에게 스며들게 하는 것이다. 우리의 가정과 비교하면 어떤가?

"빨리 밥 먹고 공부해야지."

뭐가 그리 급한지 우리 엄마들은 앞치마도 채 벗기 전에 아이에게 빨리 먹고 들어가서 공부하라고 한다. 아니면 숙제하라고 한다. 때로는 아빠가 들어오는 시간도 기다리기 힘들어 아이 먼저 밥을 챙겨 먹이고, 엄마는 두 번째 저녁상을 차리기도 한다. 어디 이뿐인가? 오죽하면 저녁을 해결하고 들어오지 않는 남편을 향해 '눈치 없다'는 표현까지 하기도 한다.

조세핀 김의 『우리 아이 자존감의 비밀』을 보면 버락 오바마 부부의 자녀 교육 이야기가 나온다.

"미국의 전 대통령 버락 오바마의 두 자녀는 미국에서 자존감 높은 아이들의 대명사로 불린다고 한다. (중략) 오바마 부부는 아무리 바쁜 일정이 있어도 저녁식사만은 네 식구가 함께하려고 애쓴다는 것. 오바마 대통령은 밤중에 처리해야 할 일이 있을 땐 잠깐 집에 들러 아이들과 저녁식사를 하고 다시 나갈 정도로 규칙을 지키기 위해 노력한 것이다."

미국 대통령 부부보다 우리가 급한 일이 뭐가 있을까? 이것은 교육관과 우선순위의 문제이다. 부모가 가지고 있는 자녀 교육관이 결국 삶 속에 반영된 것이라 본다. 일과 가정 중에 무엇을 삶의 가치로, 우선순위로 두느냐에 따라 결정된 것이다.

아이들은 부모를 거울삼아 세상을 살아간다. 부모로부터 배운 것을 가지고 자신의 가치관을 세우고, 자신의 자존감을 완성시켜 세상을 만난다. 빌 게이츠도 어린 시절 부모에게 배운 독서 교육과 부모로부터 들었던 경제 비즈니스나 법률, 정치, 자선활동 등의 내용으로 판단력을 가지고 빠르게 자신의 꿈을 이루었다. 오바마 부부 역시 자녀 교육만큼은 우선순위에 두고 아이들의 자존감을 높일 수 있었다.

우리도 더 이상 미루지 말고 내 아이들이 세상을 올바른 판단력과 문제 해결력을 갖춘 아이로 살아갈 수 있도록 양육할 수 있다.

가장 쉽게 할 수 있는 일이 책 읽기다. 아이가 어렸을 때부터 다양한 책을 통해 세상을 경험할 수 있게 해주었다. 내가 이렇게 할 수 있었던 것은 직업적인 부분도 있었다. 하지만 나와 같은 일을 한다고 해서 내 동료들이 자녀들에게 다 책을 많이 읽혀주지는 않는다. 이것은 선택과 우선순위의 문제다. 나는 경험을 했다. 자존감이 낮았던 내가 자존감을 회복할 수 있었던 이유는 책을 통해 배우고 실천하려고 했던 노력이 있었기에 가능했다. 또 다양한 경험 속에서 깨닫고 배웠다.

나는 늘 딸아이에게 말한다.

"실수는 누구나 할 수 있다. 하지만 잘못된 일인 것을 알고도, 두 번째 같은 일을 행하는 것은 스스로를 속이는 거야."

처음엔 아이도 이게 무슨 말인가 했을 것이다. 아무래도 요즘은 아이들이 집에 있는 시간이 많고 게임에 많이 노출되어 있다. 또 아이들은 자제력이 성인에 비해 부족하기도 하다. 하지만 마냥 방치하고 놔둘 수는 없는 일이다.

이런 상황을 벗어나기 위해 나 또한 대안을 찾았다. 내가 그랬던 것처럼 내 아이에게 '3P연구소'에서 진행하는 '보물찾기 과정'에 참석시켰다. 일 단위, 주 단위, 월 단위로 스케줄을 작성하고 실천하는 과정을 체크한다. 또 과정 속에서 자신이 얼마나 소중한 존재인지 발견하고 매일 확신에 찬 선언문을 외친다. '나는 나를 사랑한다.' 나 또한 이 과정에 아이를 참석시킬 때 아이와의 관계가 왜 이렇게까지 흐트러질까 한참 고민했던 시기였다.

이제 막 사춘기가 된 아이에게 어떤 방법으로 교육해야 할지를 고민하며 해결책을 찾고 있을 때, 내가 그랬던 것처럼 아이에게 스스로 시간 관리하는 방법을 알려주면서 내가 직접 관리하는 것이 아니라 다시 객관적 시각으로 아이를 봐야겠다는 생각이 들었다. 실제 아이는 스스로 바인더를 작성하며 스케줄을 관리하고 있다.

아이는 자신이 매일 해야 할 목표를 세우고 그것을 달성할 때마다 기록한다. 이 과정에서 게임을 더 하고, 더 놀고 싶은 마음이 있겠지만 먼저 해야 할 일이 무엇인지를 결정하고 행한다. 이 과정에서 성취감도 생겼다.

또 자신이 계획한 일과 새롭게 하고 싶은 일, 해야 할 일 사이에서 어떤 것을 먼저 해야 할지 결정한다. 시간 계획안에서 분명 독서를 하고 독서록을 작성해야 할 시간이지만 그 시간에 친구들이 놀자고 할 경우, 어떤 것을 선택할 것인지, 친구들과 놀았을 때의 문제점은 무엇인지, 독서록을 작성하는 것이 더 옳은 것인지의 선택과 갈등 과정에서 아이는 자신의 판단에 따라 한 가지를 결정하게 된다. 그리고 자신이 내린 선택에 책임을 질 수 있는 아이로 성장하게 된다.

06

친구를 이해하고 존중할 줄 안다

아이들이 성장하면서 신체 발달, 인지 발달, 언어 발달, 정서 사회성 발달이 함께 이뤄진다. 처음 태어났을 때 엄마가 바라만 봐도 생글생글 웃던 아이가 자라남에 따라 다양한 얼굴 표정을 짓고, 급기야는 가족보다 친구와 보내는 시간을 더 즐거워하는 시점이 온다.

아무래도 형제자매가 있는 아이들은 가정에서의 작은 공동체 사회에서 '내가 어떻게 행동해야 하는지'를 배울 수 있다. 예를 들면, 가지고 놀고 싶은 물건이 있을 때 동생 또는 형의 물건을 바로 빼앗아버린 경우 어떤 일이 일어나는지를 가정에서부터 경험하게 된다.

이때 부모는 빼앗는 자와 빼앗기는 자의 입장에서 그 감정을 아이가 이해할 수 있도록 해줘야 한다. 중요한 것은 아이 스스로 깨닫고 대답할 수 있도록 질문하고 설명해주는 것이 중요하다. 하지만 대부분의 부모는 아이들이 울고 싸우는 소리가 들리면 바로 달려간다.

"왜 그래! 또 시작이야."
"엄마가 하지 말랬지!"

화내고 다그치면서 시작한다. 그러나 이때도 객관적인 시선이 필요하다. 그러면 좀 더 마음의 화를 누그러뜨리고 아이를 바라볼 수 있다. 아이에게 고운 말과 시선이 전달될 수 있다. 조금 어렵겠지만 이 아이들이 세상에 태어나서 처음 안았던 그때를 생각해보는 것은 어떨까? 이런 엄마의 노력으로 인해 아이들은 친구를 이해하는 감정을 느껴보고 친구를 존중하는 마음도 기를 수 있다.

아이들은 만 5세만 되어도 좋아하는 또래 친구가 생기고, 규칙을 정하는 놀이를 할 수 있다. 자신의 기분도 잘 표현할 수 있다. 이것은 아동 발달의 특징을 말한 것이다. 이것과 더불어 가정에서 부모의 역할이 더없이 중요한 시점이기도 하다.

아빠 혹은 엄마로부터 존중을 받은 아이들은 밖에 나가서 친구와의 관계 속에서도 여실히 드러난다. 논술 수업 시간에 있었던 일이다. 수업을 하다 보면 연필이나 지우개를 준비해오지 않는 아이들이 늘 있다. 하지만 그때도 아이들은 각기 다른 반응이다.

"선생님, 연필을 안 가져왔어요."
"너는 오늘도 연필을 안 가져왔냐?"

지은이와 수민이의 대화다. 수업 시간에 미리 준비물을 챙겨오지 않은 것은 분명 잘못한 일이긴 하다. 하지만 수민이는 '오늘도'라는 표현을 써서 지은이의 기분을 상하게 했다. 지은이가 자존감이 강한 아이가 아니었다면 수민이의 말에 신경을 썼을 것이고 분명 감정 싸움으로 이어졌을 것이다. 하지만 지은이는 이내 자신의 잘못을 인정했고 그다음 시간부턴 연필을 챙겨왔다. 오히려 수민이의 말이 지은이 행동에 변화를 일으킨 것이다.

분명 아이들은 또래와의 관계에서 더 배우는 부분이 있다. 어른들이 열 번 말해줘도 고치지 않는 것을 친구가 말해주면 바로 반응하는 경우가 이런 예이다. 앞의 경우 별 뜻 없이 한 말일 수도 있지만 수민이의 경우, 굳이 지은이의 감정을 상하게 할 필요는 없었다. 지은이가 연필을 가져오지 않았어도 무심코 지나가도 되었을 것이고, 본인이 빌려줘도 됐지만, 군이 '오늘도'라는 표현을 써서 친구의 감정을 상하게 한 것이다.

자존감이 높은 아이들은 자신을 존중하는 마음이 있어서 다른 사람을 존중할 줄도 안다. 가령 친구에게 물건을 빌려줘도 좋은 것으로 빌려주고, 친구에게 군이 나쁜 말을 하지 않는다.

한번은 딸아이 친구들과 가족들이 단체로 여행을 간 적이 있었다. 부모들은 모여서 식사를 하고 있었고 아이들은 한곳에 모여 놀이를 하고 있었다. 그런데 우리 딸아이의 울음소리가 나는 것이 아닌가. 친구들과 두루 잘 지내고, 여행도 자주 다녔던 터라 크게 다치거나 넘어지지 않는 이상 잘 울지 않는 아이었는데 어쩐 일인가 놀란 가슴을 안고 방문을 열었다. 아이를 가슴에 품고 물어봤다.

"무슨 일이야? 응? 괜찮니?"
"엄마, 친구들이 내가 말하려고 하는데 서로 자기 얘기만 하고 안 들어."
"그럼, 친구들한테 들어보라고 이야기하지 그랬어."
"응. 내가 여러 번 이야기했어. 집중해서 들어보라고."

이야기를 다 듣고 보니, 그날 아이들은 어떤 놀이를 할 것인가에 대해

서로 논의 중이었다. 하지만 아이들은 각자 하고 싶은 놀이가 다양했고, 딸아이도 의견을 내려고 했으나 아이들은 서로 각자 자기 하고 싶은 말만 하고 있었던 것. 그러다 목소리 큰 아이의 위주로 놀이가 결정되어가고 있었던 것.

평소 친구의 이야기를 잘 들어주는 우리 아이는 많이 속상했던 것이다. 자신이 아이들을 존중하고 이야기를 들어주었던 것처럼, 아이들도 자신의 의견에 귀 기울이고 집중해줄 것을 기대했지만 자신의 생각대로 일이 이루어지지 않자 속상해서 울음이 터진 것이다.

물론 그럴 수 있다. 아이들은 초등학교 저학년이고 각 상황에서 어떻게 행동해야 할지를 아직 배우지 않았기에 충분히 있을 수 있는 일이다. 우리 딸아이가 울고 있었고, 엄마인 내가 그 방에 들어서자 함께 있던 친구들은 놀란 토끼눈이 되어 나를 쳐다보았다.

나는 아이들을 모아놓고 질문했다.

"이 상황이 왜 일어났을까?"

"결국 너희들이 하고 싶은 건 뭐야?"

"이 문제를 해결하기 위해 우리가 어떤 방법을 사용하면 좋을까?"

결국 서로 순번을 정해서 자신의 이야기를 할 수 있도록 상황을 정리하기로 결정했다. 한 명은 침대 위에, 한 명은 화장대 의자에, 한 명은 바닥에 앉아 있고, 창틀에 서 있던 아이들이 한곳에 모아져서 둘러앉았다. 그리고 한 명이 리더가 되어 회의가 진행되었다. 우리 딸아이가 초등학교 2학년 때 일이다.

이처럼 아이들도 가르치고 이해시키면 다 진행할 수 있다. 다만 부모가 항상 먼저 나서서 상황을 정리하고 지시함으로 인해 아이들로 하여금 문제 해결의 기회를 빼앗게 되는 것이다.

2학년 학급에서 일어난 일이다. 그 반의 개구쟁이 친구 녀석 한 명은 꼭 문제를 일으켰다고 한다. 음악 수업을 해야 하는데 친구의 악기를 다른 곳에 숨겨놓거나, 신발장에 있는 친구의 실내화를 다른 장소에 옮겨 놓고 당황해하는 친구를 보는 것이다. 물론 이날도 컴퓨터로 이동 수업을 가야 하는데 미소의 '컴퓨터 교과서'가 없어진 것. 미소는 자신의 교과서를 아무리 찾아봐도 찾을 수 없었고, 평소 의심 가는 친구가 있었지만 무조건 달라고 할 수는 없었고 울고 있었다고 한다. 그때 미소의 짝꿍이 같이 찾아보다가 "괜찮아, 선생님께 같이 말씀드리자. 나도 오늘 분명히 네가 가방에서 교과서를 꺼내는 것을 보았어."라고 말해줬다. 그러자 미소는 금방 울음을 멈추고 같이 컴퓨터 교실로 이동할 수 있었다.

미소는 혼자라고 생각했을 땐 서글피 울었지만, 짝꿍의 한마디에 위로가 되고 힘을 얻었다. 의심 가는 녀석이 있었지만 무조건 그 친구를 의심하지도 않았고 혼자 찾으려 애쓰다가 결국 자신의 마음을 알아주는 한 명의 친구를 통해 마음이 진정되었다.

친구란 그런 것이다. 함께 있으면 서로 위로가 되고, 힘이 되는 존재. 미소의 짝꿍은 미소가 아니라 다른 친구에게도 늘 힘이 되어 친구들이 많다. 아이들은 내가 그런 친구가 될 수는 없지만 내 마음을 알아주는 친구를 좋아한다. 그런 친구와 함께 있으면 자신도 그렇게 좋은 친구가 될 수 있으리라 생각하기 때문이다.

자존감이 높은 아이들은 자신에 대해 이해하는 마음이 높고, 스스로를 존중할 수 있기에 친구 관계에서도 갖고 있는 자기존중감이 발현된다.

너새니얼 브랜든의 『자존감의 여섯 기둥』에 이런 말이 나온다.

"다른 사람들을 자연스럽고 정중한 태도로 대하는 가정에서 자란 아이는 모두에게 적용되는 원칙을 배운다. 자기와 타인을 존중하는 것을 세상의 이치이며 당연한 일처럼 느낄 것이다."

07
엄마의 말을 공감하며 위로할 줄 안다

아기는 태어나면서부터 엄마의 마음을 읽는다. 엄마의 눈동자에 비친 자신의 모습을 본다. 아기는 엄마의 목소리만 들어도 엄마의 기분과 감정 상태를 같이 느낄 수가 있다. 심지어 엄마가 마음이 많이 속상한 상태라면 바로 아기를 안지 말고 잠시 마음을 진정시킨 후에 아이를 안으라고 한다. 엄마의 불안하고 속상한 마음이, 말도 못 하고 자기 몸도 가누지 못하는 아기에게 전해지기 때문이다.

어린 시절부터 엄마와의 관계가 끈끈한 아이들은 엄마를 통해 감정을 배운다. 엄마가 어떤 경우라도 당당하고 자신감이 넘친다면 아이들은 그런 엄마의 모습을 보고 자랄 것이고, 엄마가 늘 우울해 있고, 기운이 없다면 아이는 그런 엄마의 모습 속에서 자신의 미래를 발견하게 된다. 어쩌면 공감하는 능력마저도 아이는 엄마를 통해 배운다.

공감한다는 것은 상대방을 알고 이해하는 것이다. 상대가 느끼는 감정과 기분을 비슷하게 경험하는 것을 말한다. 엄마와 어린 시절 함께 시간을 보낸 아이는 엄마가 자신의 부모에게 하는 말이나 행동을 보면서 또는 엄마와 아빠의 대화를 통해 관계성을 배우고 공감을 한다. 내 아이가 공감을 잘하는 아이가 되길 바란다면 내가 먼저 아이에게 그 공감하는 엄마가 되어주면 된다.

나는 직장을 다니기에 때로는 아이가 할아버지와 할머니와 보내는 시간이 더 많은 날도 있다. 우리 어머님은 호응의 대가이시다. 남편의 자존감이 어떻게 생성되었는가를 보면 우리 어머님을 관찰하면 된다.
우리 어머님이 주로 계시는 곳은 주방, 우리 아버님이 주로 계시는 곳은 안방, 우리 딸이 종종 있는 곳은 거실이다. 그곳에 아이의 책상을 떡하니 가져다 놓았다. 그곳에서 아이는 공부도 하고 놀이도 하고 자신의 놀이터다.

아이는 만들기를 하거나 어떠한 결과물을 가지고 늘 "할머니~ 할아버지~"를 부른다. 집에서도 역시 "엄마~" 또는 "아빠~"를 부른다. 이유는 한 가지다. 자신이 만든 것을 자랑하고 칭찬받고 싶은 것이다. 그 마음을 너무도 잘 아는 우리 어머님은 하던 일을 멈추고 늘 아이에게 다가가신다. 물론 아이뿐만 아니라 며느리인 내게도 마찬가지다.

아버님댁은 2층, 우리집은 1층이다. 늘 퇴근하고 대문을 열어 2층에 올라가 인사를 드리면, 내가 신발 벗기도 무섭게 어머님은 하던 일을 멈추고 문 밖으로 나오셔서 맞이해주신다. 어머님은 내가 아니라 다른 누가 와도 늘 이렇게 상대를 높여주신다.

집에서 물 한잔을 떠서 남편이나 딸에게 가져가더라도 꼭 받침대에 받쳐서 주라고 하신다. 집에서 대접을 받아야 나가서도 대접을 받을 수 있다고. 내가 남을 높여주어야 나도 남에게 대접을 받을 수 있다고 하신다. 우리 어머님의 삶 속에는 철학이 있다.

어릴 때부터 시댁에서 함께 생활한 우리 아이는 늘 어른들을 부른다. 자랑하고 싶으면 자신이 만든 물건을 가지고 갈 일이지 꼭 "할머니~ 이것 좀 보세요." 하면 우리 어머님은 달려가서 아이의 그림을 봐주신다. 그리고는 이렇게 말씀하신다.

"진짜 잘 그렸네. 아가. 여기 그린 이것은 우리 집 마당이야?"

이런 식으로 구체적으로 질문을 해주신다.

"네. 그런데 여기보다 이쪽에 그린 꽃밭이 더 멋있지 않아요?"
"어. 지금 보니까 그러네. 우리 아가 참 자세히 들여다보고 노란색으로 예쁘게 색칠했구나. 진짜 나비들이 날아올 것 같아."

구체적인 칭찬으로 아이의 마음을 살펴주신다. 언제나 늘 한결같이 아이가 한 말을 다시 되받아 주시고, 아이의 눈을 보며 말씀해주신다. 다른 그 어떤 일보다 아이에게 사람에게 집중해주신다. 이런 경험이 있는 아이는 스스로 존중받는다 느끼는 것이 당연하다.

자신이 존중을 받았던 경험이 쌓여 있기에 다른 사람도 존중할 수 있는 것이다. 자신이 부모로부터 주 양육자로부터 공감을 받아본 경험이 있기에, 공감 받았을 때의 느낌을 가지고 다른 사람을 공감해줄 수 있는 것이다. 공감이 무엇인지 배워서 아는 것이 아니라 삶 속에서 자연스럽게 체득한 것이다.

나는 언젠가는 내 삶을 담은 글을 담아 책 한 권을 내야겠다는 생각으로 글을 한 편 한 편 써내려갔다. 그리고 노트북에 하나 하나 담아뒀다. 어느 날 딸아이에게 나의 어린 시절을 쓴 글을 보여줬다. 아이는 글을 읽으면서 숨죽여 울었다. 그리고는 내게 묻는다.

"엄마, 이거 진짜 아니지? 이 내용이 사실은 아니지? 엄마가 그냥 쓴 거지?"라고 숨죽여 울더니 와서 나를 와락 끌어안는다. 글을 쓰기까지 나 역시 오래 걸렸고, 내 글을 보고 우는 아이의 모습을 보면서 '내가 너무 일찍 보여준 건 아닐까?', '아이의 충격이 너무 큰 것일까?' 짧은 시간이었지만 여러 차례 머릿속으로 다양한 생각이 지나갔다.

그러나 아이는 그 짧은 사이 내 생각을 읽었던 것인지 내게로 와서 나를 안아주었다. 그렇게 딸아이와 깊은 포옹을 한 후 나의 두꺼운 상처를 한 겹 걷어낼 수 있었다. 이 이야기는 엄마의 자존감 이야기를 하게 되는 이 책 4장 담아두겠다. 비록 초등학교 4학년이지만 내가 생각했던 것보다 우리 딸아이는 많이 컸다. 늘 함께 있어서 몰랐을 뿐이지 이제 내 상처를 치유해줄 만큼 많이 성장해 있었다.

때로는 남편보다 딸아이가 속 시원한 상담을 해주기도 한다. 나는 개인적으로 결정할 일이 있거나 새로운 일을 시작할 때면 아이에게도 솔직하게 이야기하고 의견을 구한다. 심지어 회사일이 생각처럼 풀리지 않고, 갑작스럽게 많은 업무를 해결해야 할 시점이 있었다. 아이는 아직 초등학생이고, 육아 휴직도 얼마 남지 않은 상황이라 고민하고 있을 때였다. 출산 휴가조차도 제대로 쓸 줄 몰랐던 나는 육아 휴직을 쓴다고 한들 내가 그 시간을 잘 이용할 수 있을까도 고민되고, 시댁에 있으면서 굳이 육아 휴직 쓰는 것이 효율적인가부터 시작해서, 휴직이 맞는지 퇴사를 하는 것이 맞는지 갈팡질팡 고민을 하고 있을 때였다.

"엄마, 엄마가 휴직을 하려고 하는 진짜 이유가 뭐야? 학교는 할아버지가 데려다주시고, 학교 끝나면 나는 학원으로 가는데. 그리고 나는 학원 다니는 것도 재밌어. 엄마가 힘들면 쉬어도 되는데, 그게 나 때문이면 안 돼. 나는 일하는 엄마가 자랑스럽고 더 멋져."

오 마이 갓. 아이의 이 한마디에 나는 육아 휴직을 쓰지 않고 패스했다. 아이의 말 속에 그동안 내가 스스로에게 자문했던 모든 답이 들어 있었다. 초등학교 2학년, 아홉 살짜리 꼬맹이가 하는 말이 정답이라 더 이상 할 말이 없었다.

'엄마가 힘들면 쉬어도 좋아. 그런데 그 이유가 나 때문이면 안 돼.'

사실 이 말 속에 모든 것이 다 포함되어 있었다. 아이를 낳고 3개월도 채 되지 않아 회사로 출근하며 줄곧 일을 해왔다. 마음 한편에는 늘 옆에서 아이를 챙겨주지 못한 미안함이 자리 잡았다. 그것이 결국 아이 교육에 있어 안 좋은 영향을 미치지는 않을까 노심초사하고 있었던 것. 아이가 이렇게 말해주는 바람에 진짜 내가 쉬고 싶은 또 다른 이유가 무엇인가를 고민했다.

아이는 아이 나름대로 주어진 삶을 규칙대로 잘 살고 있었다. 나 역시 나름대로 버틸 수 있다면, 회사 안에서 즐거움을 찾을 기회가 있다면 지속하면 되는 것이었다. 아이의 말로 인해, 진정 내 안에서 원하는 것이 무엇인지를 찾고 조율하며 지금도 회사를 다니고 있다.

때론 친구같이, 때론 연인같이 딸은 내게 공감도 해주고 위로도 해준다. 아이의 공감 능력은 결국 부모에게 배운다.

08
자신을 사랑할 줄 안다

보건복지부와 중앙자살예방센터에서 발간한 『2020 자살예방백서』를 보면 2018년 연령별 3대 사망 원인 중 고의적 자해(자살)는 10~30대에서 1위로 높은 순위에 위치했다. 연령별 전체 사망 원인 중 고의적 자해(자살)가 차지하는 비율(구성비)은 10대 35.7%로 전년 대비 4.8% 증가했다.

이런 정보가 놀랍지도 않은 것이, 2021년 3월 22일 〈부산경남신문〉 "혁신교육감 인터뷰 3화"를 보면 박종훈 경남도교육감은 "코로나로

2020년 한 해 죽은 학생은 0명인데, 스스로 목숨을 끊은 학생은 140명"이라고 말했다. 이 수치 또한 놀랍지 않은가?

코로나 팬데믹이 세상을 강타하고 전 세계 사람들의 삶을 송두리째 바꾸고 있는 이 시점에 스스로 목숨을 끊은 아이들의 숫자가 140명이라니! 왜 이토록 많은 아이들이 스스로 목숨을 끊는 것을 선택한단 말인가. 무엇이 아이들을 죽음으로 내몰고 있을까? 잠시 안일한 생각은 뒤로하고 "댁의 자녀는 안녕하십니까?"라고 물어보고 싶다.

수능이 끝나고 나면 어김없이 죽음을 선택한 아이들의 이야기가 심심치 않게 신문기사를 통해 나오게 된다. 여러 가지 이유가 있겠지만 아이들이 그간 열심히 노력한 것이 수능이 끝나고 나면 결과로 모든 것이 드러나기 때문에 그 결과가 만족스럽지 않았기에 아이들은 스스로 하지 말아야 할 선택을 하게 된다. 이뿐 아니다.

이유남의 『엄마 반성문』을 보더라도, 내신도 빵빵하고 성적도 좋았던 작가의 아들은 돌연 수능을 얼마두지 않고 학업을 포기한다. 무엇이 우리 아이들을 벼랑으로 내몰고 있을까?

뿐만 아니라, 지인들을 보더라도 우수한 성적을 자랑하던 아이들이 한순간 학교도 가지 않고, 학업을 중단하거나, 사회와 단절을 선언한 채 살아가고 있는 소식을 접하게 된다. 물론 이때 부모의 가슴은 미어진다. '조금만 참으면 되는데, 잘했는데.' 갑자기 왜 이러는지 힘들어하는 아이들에게 더 다그친다. 그러면 그럴수록 부모와 자식의 관계는 더욱 멀어져만 간다.

나는 이 모든 문제가 결국 부모와 자식의 관계성, 즉 사랑에서 출발한다고 본다. 사랑을 충분히 받고 자란 아이들은 자신을 사랑할 줄 안다. 쉽게 자신을 포기하지 않는다. 아이들의 내면의 소리로부터 이런 대답을 얻을 수 있다.

"나는 사랑받을 만한 가치가 충분해. 나는 이 모습 그대로 만족해. 나는 노력을 통해 좀 더 나은 결과를 얻을 수 있어."

결과가 어떻든 자신을 충분히 사랑한다는 것이다. 이 아이들은 세상을 아름다운 시선으로 볼 줄도 안다. 자신이 사랑을 받아봤기 때문에 다른 사람을 사랑하고 존중할 수 있다. 이 아이들은 자신의 슬픈 감정, 기쁜 감정, 행복한 감정도 잘 표현한다. 자신의 감정을 발견할 수 있기 때문에 표현도 할 수 있다. 어려서부터 이런 연습이 되어 있다. 해서, 상황이 어떻게 변하더라도 자신의 가치에 대한 의심은 하지 않는다.

그럼, 이 아이들은 어떻게 부모에게 사랑받는다고 느낄까? 부모가 베

풀어주는 무조건적인 물질적인 지지로 사랑이 채워지진 않는다. 지금 당장 아이에게 물어보자. 그 해답은 우리 아이들이 더 잘 알고 있다.

"딸, 아들, 엄마가 어떻게 해줄 때 사랑받는다는 감정을 느끼니?"

아이들이 하는 대답이 정답이고, 그동안에 내가 보여준 사랑의 결실이다. 혹시 예상했던 답변을 받을 수 없다면, 내가 '사랑한다'고 했던 말이나 행동이 아이에겐 나의 뜻 그대로 전해지지 않은 것이다. 혹시 아이에게 이렇게 말한 적은 없었는지 생각해보자.

"이번에도 잘했어. 하지만 이 부분은 좀 부족한 거 같아. 아직은 좀 더 배워야 할 것 같아."
"엄마가 이번에 이것은 해줄 수 있어. 하지만 네가 이 부분은 더 채워야지 네가 원하는 부분을 이룰 수 있어."
"물론 네가 한 말도 맞아. 하지만 이렇게 행동했더라면 더 나은 결과를 가져올 수 있지 않았을까?"

부모는 아이를 사랑하기 때문에 더 나은 길을 제시해주고 싶을 것이다. 이런 이유로 아이에게 늘 전제조건을 부여한 가르침을 이야기한다. 하지만 아이들은 부모의 이런 가르침을 진정한 사랑으로 받아들이기보다 이렇게 생각할 가능성이 크다.

'왜 항상 엄마는 나한테 부족하다고 하지?'
'왜 나의 부족한 부분만 볼까?'
'내가 그렇게 부족한 걸까?'

이런 생각 속에서 늘 자신은 부족한 사람이고, 사랑받을 가치가 없다고 생각한다. 부모에게 사랑을 충분히 받은 아이가 스스로를 사랑받을 가치가 충분하다고 여긴다. 그런 아이들이 남들에게 사랑받을 수 있다. 사랑은 주는 사람의 방법이 아니라 사랑을 받는 아이가 만족할 만큼 충분히 느낄 수 있어야 한다. 나 역시 딸에게 배운 경험이 있다.

"엄마, 내가 오늘 쉬는 시간에 친구랑 아래층에 내려가려는데, 옆 반 선생님께서 우리 보고 왜 교실에 안 있고 돌아다니냐고 하는 거야."

"그래서?"

"그냥 교실로 돌아갔어."

"그럼 됐네. 뭘. 그러게 왜 돌아다녀."

"아니, 엄마! 그때는 쉬는 시간이었다고. 쉬는 시간에는 아이들이 쉴 권리도 있는 거야. 그래서 아래층에 있는 지연이네 반에 가는 길이었다고."

"그럼 선생님께 그렇게 말씀드리지 그랬어."

갑자기 아이는 내게 말했다.

"엄마, 그냥 나는 내가 오늘 있었던 일을 엄마한테 말하는 건데 왜 엄마는 내가 잘못한 것처럼 이야기해?"
"어머, 내가 그랬니? 그랬구나. 그럼 엄마가 어떻게 말해주길 바랐던 거야?"
"아. 그런 일이 있었구나. 하면서 엄마가 내 마음을 알아주면 되는 거였다고."
"그래. 엄마가 우리 딸 마음을 몰라줬구나. 미안해."

나는 아이에게 바로 사과를 했다. 미처 몰랐다. 나도 모르게 매번 상황을 정리하고 다음번엔 더 나은 결정을 할 수 있도록 알려준다는 것이었는데. 그건 내 입장이었던 것이다. 우리 딸은 엄마에게 문제 해결을 논한 것이 아니다. 그냥 하루 중 있었던 일을 말하고 공감해주길 바랐던 것이다. 딸아이가 이야기를 하고 내가 종종 대답하고 나면 "엄마, 또 내 탓이라는 거야?"라고 아이가 물을 때가 있었다. 그럼 나는 "네 탓이라는 게 아니고." 이렇게 대화가 끊기는 경우가 종종 있었다. 그런데 이날 "엄마가 어떻게 말해주길 바라니?"라는 질문을 통해 아이의 마음을 알 수 있었다. 그래도 아이는 자신의 감정과 엄마에게 바라는 사항을 잘 표현해 주었기에 나는 수긍하고 고칠 수 있었다.

이처럼, 자존감이 높은 아이들은 자신을 사랑할 줄 안다. 자기 자신을 지키고 보호할 줄 안다. 어떠한 경우에도 그 마음을 잃지 않는다. 그것은 부모로부터 충분한 사랑을 받았기에, 자신을 소중한 가치로 여길 수 있는 것이다.

이 아이들은 앞으로도 자신을 사랑하기 때문에 어떠한 선택을 하든지 '나'라는 자신을 가장 먼저 생각하며 후회하지 않는 최선의 선택을 할 것이다.

아이의 자존감은 엄마의 태도에서 결정된다

4장

—

아이의 자존감을
끌어올리는 8가지 실천법

엄마의 자존감을 회복한다

나는 조직의 센터장으로 조직을 운영하는 리더다. 조직원들과 깊게 공감하고 소통하며 그들의 사업을 돕는다. 사람들과 소통하는 일을 좋아한다. 나는 다양한 커뮤니티를 통해 사람들을 만난다. 새로운 환경에도 잘 적응하고, 누군가의 멘티가 되었다. 하지만 어린 시절 나는 자존감이 낮은 어린이였다. 초등학교를 다니던 시절, 내 머릿속에는 떠나지 않는 물음표가 있었다.

'왜 내게만 이런 환경이… 왜 나는 이렇게 살아야 하지? 왜 나는… 왜

나만?'

이렇게 생각하는 시간들이 많았다. 한번은 초등학교 4학년쯤 되었을
까? 운동장 귀퉁이 작은 놀이터에서 불현듯 이런 생각이 떠올랐다.

'나 혼자만 초등학교 졸업을 못 하면 어떡하지?'

왜 초등학교를 졸업할 수 없을 거라 생각했을까? 지금 생각하면 참으
로 어처구니가 없는 생각이 아닐 수 없다. 이쯤 머릿속을 맴도는 온갖 잡
다한 생각으로 나는 공부에 집중할 수 없었다. 인정하건데, 공부를 썩 잘
하는 아이는 아니었다.

엄마가 수학 학원을 보내줬지만, 늘 주어진 시간 내에 문제를 다 해결
하지 못해서 나머지 공부를 해야 했다. 또 학교에서 시험을 보고 '엄마의
사인'을 받아오라는 선생님의 말씀이 세상 제일 싫었다. 트라우마가 한몫
했을지도 모른다.

초등 저학년 때였나 보다. 시험지에 사인을 받으러 엄마한테 들이내밀
었다가 방문을 잠그고 엄마한테 맞았던 기억도 있다. 방 이곳저곳을 폴
짝폴짝 뛰어다니느라 크게 맞지는 않았지만 기분이 나빴고 어린 나의 감

정이 상했다. 예고도 없이 시험지 한 장에 맞을 일인가? 이날의 기억이 처음이자 마지막으로 엄마한테 맞았던 날이다.

성인이 되어 엄마한테 물어봤다. 그때 왜 그랬냐고. 엄마가 대답했다.

"나는 그때 엄마가 될 준비라는 게 없었던 것 같아. 지금 생각하면 미안하다. 당시 내가 안고 있던 스트레스를 그렇게 풀었을지도 몰라. 지금은 많이 후회한다."

'아, 스트레스라니!' 나는 이미 성인이 되었고, 엄마가 되기 위한 공부를 했고, 자존감을 회복한 후였다. 그냥 알고 싶었고 궁금했고 엄마가 기억은 하는지 되묻고 싶었는데. 엄마의 대답이 딱 예상했던 대로라 웃으며 쉽게 넘길 수 있었다.

그렇다. '엄마'라는 위대한 존재는 그 역할을 수행하기 위해 준비도 필요하고, '엄마'가 되기 위한 공부도 필요하다. 나는 엄마로부터 외할머니 이야기를 들어본 적이 없다. 단 한 번도 외할아버지, 외할머니에 대한 가슴 따뜻한 이야기를 들어본 적이 없다.

'엄마'가 되기 위한 가장 좋은 방법은 엄마의 엄마로부터 받은 사랑과 가르침 그대로 물려주는 것이다. 하지만 그런 기억과 과정이 없었다면 '엄마'를 위한 준비를 해야 한다. 그것이 내 아이의 자존감을 높일 수 있는 가장 좋은 방법이다. 그렇게 중고등 시절을 맞이했다. 내가 자존감이란 단어를 처음 접한 것은 교회에서 셀 모임을 통해서였다. 그리고 어린 시절 나는 자존감이 낮은 아이였다는 것을 알았다.

1986년, 엄마가 입혀주는 하얗고 예쁜 드레스를 입었다. 단지 아빠에게 예쁘게 보여줄 것이라 자랑하며 아빠가 입원한 병실을 찾아갔었다. 그 후 얼마 지나지 않아 늦은 밤 걸려온 전화벨 소리에 할머니 손을 잡고 나는 병원 응급실로 끌려갔다. 당시 네 살이었던 내게도 불길한 예감이란 게 있었을까? 지금도 또렷하게 기억난다. 몇 발자국만 더 가면 병원인데 할머니 손을 끌며 칭얼거렸다.

"가기 싫어. 집에 가요, 할머니…."

그날 밤, 아빠가 무섭다고 내가 우는 바람에 나의 할머니는 아들의 가는 마지막 모습을 보지 못하셨다. 시간이 지난 후 할머니의 상처가 아물 때까지 이렇게 말씀하셨다.

"이놈의 가시나, 이게 하도 우는 바람에 니 아빠 가는 모습도 못 봤다."

어렸던 내게는 산소호흡기와 각종 의료장비에 몸을 의지하고 있는 아빠의 모습이 너무도 낯설게 느껴졌던 것이 아닐까? 내 막내 여동생이 태어난 1986년, 우리 가족은 아빠를 멀리 떠나보내야 했다. 내게는 더 이상 초인종이 울리면 내 이름을 부르며 집 안으로 성큼 들어와 싫다고 해도 까슬거리는 수염으로 내 얼굴을 비벼주며 나를 꼭 안아 올려 비행기를 태워주던 아빠가 없었다. 아빠를 기다리며 마냥 어리광 피우는 네 살 아이도 이제 없었다. 아빠를 산소에 묻고, 나는 한 살 터울 나는 동생과 뛰어노는 사진 한 장.

이것이 내가 지금 기억하는 아빠에 대한 마지막 기억 전부이다. 나는 알고 있었다. 아빠가 더 이상 내 옆에 없다는 것을. 보고 싶어도 볼 수 없고, 아빠의 수염을 만질 수 없다는 것을. 아빠의 냄새도 더 이상 맡을 수 없다는 것을. 이미 나는 네 살 나이에 모든 것을 지켜봤다.

하지만 어른들이 시키는 대로, "우리 아빠는 외국에 갔어요."라고 말하며 유년기를 보냈다. 가장 친한 친구에게도, 어느 누구에게도 "우리 아빠는 없어."라고 단 한 번도 말하지 않았다. 그리고 나는 빨리 어른이 되길 기다렸다. "아빠는 뭐 하시니?"라는 질문을 받지 않아도 될 만큼.

이런 나의 낮은 자존감은 결혼해서도 위기의 순간 불현듯 나타났다. 신혼시절 한번은 회식을 하고 집으로 향하는데 시어머님에게 전화가 왔다. 남편이 대학병원 응급실에 있다는 것이었다. 부리나케 응급실로 향했지만, 늦은 시간이라 면회가 불가했다. 병원에서 고래고래 소리를 치고 울다가 이렇게 기도했다.

'하나님, 제 남편 살려주세요. 남편 살려주시면 제가 떠날게요.'

어린 시절 아빠를 떠나보내고, 엄마도 재혼을 했다. 그리고 결혼하기 얼마 전 나의 할아버지도 세상을 떠나셨다. 내가 사랑하고 의지하는 사람들은 하나둘씩 내 곁을 떠난다고 생각했던 것. 이 얼마나 어처구니없는 생각인가. 다행히 남편은 '갈색 세포종'을 떼어냈다. 세상 가장 소중하고 사랑하는 딸 진이를 낳고 건강하게 잘 지내고 있다.

나는 아이의 돌 잔치를 끝낸 어느 날 엄마를 찾아갔다. 나는 우리 아이에게 좋은 엄마가 되고 싶어서 나의 엄마를 이해하고 용서하기로 했다. 그리고 비로소 나는 응어리진 마음, 미움, 두려운 마음으로부터 해방될 수 있었다.
온전히 나를 위해, 우리 가족의 행복을 위해, 나는 나를 낳아준 엄마를 있는 모습 그대로 받아들였다.

02

아이와 소통하는 능력을 키운다

　우리가 살고 있는 21세기는 지식 기반 학습 사회로 정보가 넘쳐난다. 작년부터 시작한 '코로나19 팬데믹'이 우리의 삶 속에 스며들면서 온라인 시장이 확대되었다. 온라인 시장과 더불어 줌 같은 화상회의 도구를 이용하는 수업도 많이 한다. 언제 어디서든 마음만 먹으면 손가락 하나로 내가 있는 이곳이 배움의 장소로 바뀔 수 있다.

　전 세계 어디에 있는 사람이든지 온라인이라는 한 공간에서 이전보다 더 쉽게 만나고 배울 수 있다. 결국 마음만 먹으면 내가 원하는 교육을 학습할 수 있다는 말이다.

실리콘밸리의 벤처 사업가 출신인 벨 넬슨이 하버드대학 학장 출신인 스테판 코슬린 등과 함께 2014년에 개교한 캠퍼스가 없는 온라인 대학이 있다. 바로 '미네르바 스쿨'이다. 캠퍼스와 건물이 없는 대학으로 유명하다. 더욱이 하버드보다 들어가기가 더 어렵다고 한다. 상상이 되는가?

그래서 독일의 철학자 임마누엘 칸트(Kant)는 "인간은 학습 동물이다."라고 말했나 보다. 정말 끊임없이 새로운 것을 학습하고 새로운 것을 만들어내고 새로운 것에 적응해 가는 우리 사회다. 그런데 오직 변하지 않는 것이 있다면 대한민국 엄마들이 아닐까 싶다. 대한민국 엄마들의 외줄타기식 자녀 사랑, 학업 성취도 우선주의. 그보다 중요한 것은 아이와의 원활한 소통임에도 불구하고 말이다.

이제는 엄마도 배우고 바뀌어야 한다. 급변하는 21세기에는 엄마가 아는 만큼 자녀도 성장한다. 우리 아이가 원하는 것만큼, 아니 그 이상 더 잘 살아가길 원한다면 엄마의 필수 조건부터 다시 차근차근 배워나가길 바란다. 물론, 나 역시 매일이 배움이다. 삶을 풍족하게 살아가기 위해서는 내가 부족한 부분을 인정하며 하나씩 채우면서 살아갈 때, 우리의 삶은 더 풍족하고 행복하다. 물론 아이와의 관계도 마찬가지다.

자존감이 높은 아이들은 엄마와 원활한 소통을 한다. 대한민국 많은 엄마들이 그렇듯 나 역시도 딸아이가 4학년 되던 해부터 어쩐지 자기 주장이 더 강해지고 짜증이 늘어간다는 생각이 들었다. 늘 책에서 답을 찾았던 나는 어김없이 초등 4학년과 관련된 책들을 구입하기 시작했다. 하지만 그보다 앞서 내 안에 있는 문제점이 무엇인지를 먼저 찾았다.

아이는 사춘기를 맞이하고 변하고 있는데, 나는 준비 없이 아이를 이전처럼 대하고 있었던 것이다. 가장 문제되는 것이 핸드폰 사용 시간이었다. 특별히 나쁜 프로그램을 하지는 않았지만, 적정 시간 이상 사용하는 것은 아이한테 해롭다는 생각에 일방적으로 아이의 시간을 통제했다.

"진아, 지금 몇 시지? 그만하라고."

"응."

"엄마가 몇 번 말하니?"

"…"

"이젠 대답도 안 해? 혼날래?"

부모 상담 교육을 하면서도 내 자식 앞에선 욕심이 앞선 나머지, 나 역시 절제력을 잃어버렸다. 방법을 찾아야 했고, 강규형 대표님이 운영하는 '3P 바인더 교육 과정'을 내가 먼저 듣고, 그다음 달에 아이는 '3P 바인더 교육 과정 보물찾기'를 수료시켰다.

나는 아이에게 내가 상처 줬던 말들을 사과했다.

"엄마, 나도 그동안 엄마 마음 모른 척해서 미안해."

내가 진심으로 사과하니 아이는 진심으로 그 마음을 받아주었고, 아이의 사과를 받고 나니 내 마음은 언제 그랬냐는 듯 다시 녹아내렸다.

가끔 우리는 엄마라는 이유로, 사랑한다는 이유로, 내가 더 많은 지식과 정보를 갖고 있다는 이유로, 더 오랜 시간을 살아왔다는 이유로, 아이의 입장을 배려하거나 앞뒤 상황 설명 없이 아이의 행동을 제지시키고 통제하려는 경우가 있다. 사실 아이들과 가장 사이가 많이 벌어지고 회복되지 않은 채 서로 상처를 남기는 경우가 이런 소통 불능이다.

아이와의 원활한 소통을 위해 세 가지를 명심해야 한다.

첫째, 아이의 의견을 잘 듣자. 성격 급한 엄마는 아이의 말이 채 끝나기도 전에, 모든 것을 다 안다는 듯 아이의 발언권을 가로채버린다. 우리 아이의 경우 워낙 어릴 때부터 듣기 연습을 했던 터라, 내가 아이의 말을 막아설 때면 대놓고 이야기한다.

"엄마. 먼저 들어야지. 지금 내가 말하고 있잖아."

하지만 자신의 이런 생각을 표현하지 않는 대부분의 아이는 결국 엄마와의 대화를 스스로 차단해버린다. 잘 생각해보자. 남편과의 대화에서도 남편이 내 이야기를 가로챌 때 가장 화가 나고, 사회생활을 하면서도 내 말을 막아서고 자기 말만 하는 사람들을 멀리하고 싶었던 적을 떠올려보자. 우리 아이들이 그런 심정이다.

둘째, 아이의 눈빛을 보며 대화한다. 정말 다들 알고 있고, 당연한 이야기인데 지키기 힘든 부분이다. 아이의 등하원을 위해 운전하는 경우 운전하느라 귀로만 아이의 이야기를 듣는다. 하지만 연애할 때 생각해보자. 어떻게든 눈을 마주치며 대화하려 하지 않았던가. 집에서의 경우, 물론 엄마는 바쁘다. 할 일이 많다. 그런데 아이는 늘 아빠가 아닌 엄마를 찾는다. 그런데 어쩔 것인가. 아이에게는 엄마가 더 익숙한 것을 말이다. 언젠가 딸아이와 대화를 하며 서로의 눈동자에 비친 자신의 모습을 찾기로 했다.

"딸, 잠깐 기다려봐. 엄마가 네 눈동자에서 엄마를 찾는 중이잖아."
"엄마, 아직도 못 찾았어? 나는 엄마랑 이야기할 때마다 엄마 눈동자에서 나를 자주 보는데. 그래서 나는 금방 찾았는데."

나는 아이의 눈빛을 보며 늘 대화를 한다고 생각하고 있었지만 아이의 눈동자 속에 비친 내 모습을 보려고 의도한 적이 없었다. 그날도 아이에게서 또 한 가지 배웠다.

셋째, 문제 해결을 해주는 것보다 우선시되어야 할 것은 공감하는 일이다. 아이는 엄마에게 재잘거린다.

"엄마, 오늘 학교 미술 시간에 아이들이 준비물을 안 챙겨온 아이들이 많았거든. 그런데 분명 선생님께서 지난 시간에 말씀을 안 해주신 건데, 선생님은 말씀해주셨다 하고."

그러나 기다렸다는 듯이 엄마가 하는 말은 이렇다.

"그러니까 수업 시간에 똑똑히 들었어야지."
"아니 엄마. 선생님이 말씀을 안 해주셨다니까."

이렇게 대화가 흘러간다. 사실 아이가 듣고 싶었던 말은 엄마의 호응과 공감이었던 것이다.

"아. 그런 일이 있었구나."

그냥 이 한마디면 된다. 또 다른 말이 하고 싶다면 이것을 추천한다.

"그래서? 그래서 어떻게 되었어?"

'내가 지금 너의 말을 경청하고 잘 듣고 있어.' 이렇게 표현해주면 된다. 그럼 아이는 당시 느꼈던 감정과 아이들의 반응, 차후 어떻게 하면 좋을지 다 이야기한다. 하지만 인생을 좀 더 살아 본 엄마는 아이에게 꼭 해결 방안을 제시하고 싶어 한다. 그럴 때도 현명한 엄마는 "다음엔 그래도 모르니까 준비물을 챙겨 가!"라고 말하는 것이 아니라, "그럼 다음부터는 어떻게 하면 좋을까?"라는 질문을 통해 아이가 스스로 생각하고 아이의 입으로 말할 수 있도록 하는 것이다. 아이는 스스로 찾아낸 문제 해결을 통해 배움이 있고, 자신이 생각해 낸 것이기에 분명히 실천한다.

아이들은 엄마와 소통하고 싶어 한다. 그래서 어린 시절 끊임없이 엄마를 보고, 웃고, 이것저것 물어본다. 늘 엄마에게 먼저 다가왔다. 그런 아이들을 밀어버리는 것은 엄마의 태도다.

아이들의 말에 집중해서 잘 들어주고, 눈빛을 보며 대화하고, 호응하고 공감하는 태도로 아이와의 소통을 원활하게 하자. 분명 친구 같은 엄마와 아들, 엄마와 딸로 미래를 함께 계획하며 성공적이고 행복한 삶을 살 수 있을 것이다. 소통은 신뢰가 있을 때 가능하다.

03
아이의 주도성을 위해 기다림을 배운다

"빨리, 빨리! 빨리 챙기라고. 선생님 기다리시잖니!"

"엄마 말 안 들려? 지금 늦었잖아. 어휴. 벌써 시작했네. 빨리~ 어서 챙기라고."

교육 서비스 회사 지점장으로 지낼 때, 아이들을 위한 체험 학습이나 이벤트를 종종 진행했었다. 한번은 주말을 이용해 미니 독서 토론 대회를 진행했다. 초등 저학년부터 고학년까지 다양한 학년의 아이들이 모였다. 미영이와 엄마가 도착했을 때는 아이들이 각자 배정받은 교실로 들어간 후였다. 가방에서 펜과 노트를 꺼내는 아이를 보며, 미영이 엄마는 아이에게 다그쳤다.

"빨리 좀 못 하니? 빨리. 어서"
"어머니, 아직 시작 전이에요. 천천히 들어가도 됩니다. 지점에 들어서면서 지금까지 '빨리'라는 단어를 수십 번 사용한 것 같으셔요."
"아, 제가요? 그런 것 같기도 하네요."

미영이 엄마가 멋쩍게 웃는 사이 미영이는 화난 채로 배정받은 교실로 들어갔다. 미영이 엄마는 이미 지점으로 들어서기 전부터 아이를 재촉했다. 지점에 도착해서 가방을 꺼내는 아이를 향해 끊임없이 "빨리, 빨리!"를 외쳤다. 그리고 몰랐다. 본인이 얼마나 재촉하고 있는지를. 내가 옆에서 보고 있노라니 숨이 턱 막힐 지경이었다.

그날, 자기 의지로 대회를 신청하고, 지점으로 들어선 아이들의 표정과 발걸음은 가벼웠다. 지점 안으로 들어와서도 우렁차게 인사하고, 처음 만났지만 옆에 있는 친구들과도 인사를 나눴다. 안내하는 선생님들께도 이것저것 물어보느라 정신이 없었다. 무엇보다 빨리 와서 대회를 준비하고 있었다.

그럼, 미영이 입장에서 한번 생각해볼까? 그날은 토요일이었다. 아이도 나름 주말이라 놀고 싶거나 하고 싶었던 것도 있을 터였다. 그러나 그날 미영이의 표정으로 미루어보아 스스로 참여한 것은 아니라는 생각이 들었다. 대회에 참석하고 싶은 마음이 있더라도, 복도에서부터 다그치는 엄마, 지점 안에 들어와서 다른 선생님들이 다 보고 있는데도 "빨리, 빨리!"를 여러 차례 외치는 엄마를 벗어나고 싶은 마음이 가장 크지 않았을까?

사람은 누구나 하고 싶은 일을 할 때, 신이 나고 즐겁다. 주도적으로 행동할 때 더 높은 성과도 기대할 수 있다. 이것은 아이나 어른이나 마찬가지다. 직장생활에서도 누가 시켜서 어쩔 수 없이 프로젝트를 준비해야 하는 경우가 있다. 이런 경우 좋은 결과물을 얻기는 어렵다. 하지만 승진 또는 비전을 바라보며 자발적으로 도전할 때는 누가 시켜서 할 때보다 더 좋은 결과물을 얻게 된다.

또 새벽에 일어나 영어를 공부하는 사람들, 제2외국어를 배우는 사람들, 미라클 모닝을 하는 사람들도 많다. 학창 시절에는 아침에 깨워줘야 일어났던 나조차도 요즘은 글쓰기에 대한 몰입감으로 일찍 일어난다. 사람은 자기가 하고 싶은 일을 주도적으로 할 때 행복과 기쁨이 넘쳐난다. 이때, 적극적으로 사고하고 체계적인 계획으로 최고의 성과를 기대할 수 있다.

우리가 어린 시절 부모님으로부터 가장 많이 들었던 말은 다음과 같다.

"공부해야지."

"오늘 책은 읽었니? 책 좀 읽어."

"숙제는 다 했니?"

그런데 지금 내가 내 아이에게 가장 많이 사용하고 있는 말도 이렇다.

"공부해야지."

"오늘 책은 읽었니? 책 좀 읽어."

"숙제는 다 했니?"

아이러니하지 않은가? 나는 아이를 낳으면 절대 '엄마처럼 저렇게 말하지 말아야지.' 해놓고 똑같이 사용하고 있으니 말이다. 내가 당시 느꼈던 그 감정을 내 아이가 똑같이 느끼고 있다고 생각하면 된다. 내가 당시 엄마를 향해 느꼈던 감정을 내 아이가 내게 똑같이 느끼고 있을 것이다.

조금만 생각을 바꿔보면 된다. 왜 나는 아이에게 '공부해라, 책은 읽었냐, 숙제는 다 했냐?'를 점검할까. 좀 더 아이를 믿어줄 수는 없을까? 이렇게 말하면 엄마들은 말한다.

"안 하니까. 스스로 안 하니까 그렇죠."

그럼, 아이가 스스로 할 수 있는 환경을 마련해주면 어떨까? 엄마가 먼저 모범을 보여주면 된다. 아이가 주도적인 생활을 하고 학습하기 위해 계획적인 생활을 하면 된다. 일주일 단위의 스케줄을 계획하고, 일 단위의 스케줄을 관리하면서 오늘 꼭 해야 할 일을 스스로 체크할 수 있도록 도와주면 된다.

물론, 처음부터 잘할 수는 없다. 다 잘할 수도 없다. 넘어지고 일어서고 반복했던 어린아이 때의 훈련이 두 발 보행이 가능하게 했던 것처럼 아이가 스스로 해볼 수 있는 기회를 주자. 가능하다면 엄마도 자신의 스케줄을 관리할 수 있다면 더 없이 좋겠다.

어쩌다 한 번 가는 여행 계획만 핸드폰 구글 플래너에 입력하지 말고, 연 단위, 월 단위, 일 단위의 스케줄을 관리해보는 것은 어떨까? 쓸 것이 없다 말한다면, 나는 엄마들에게 10년 단위의 이루고 싶은 꿈을 작성해보고 그것을 이루기 위한 노력 과정을 기록해 보길 추천한다. 그리고 아이와 함께 모치즈키 도시타카의 『보물지도』 책을 한번 읽어보길 권한다.

꿈이 있는 아이가 목표도 세우고 주도적으로 행동할 수 있는 확률이 높다. 수능 만점자 학생들이 인터뷰를 하면 익숙한 말을 듣게 된다.

"공부가 제일 쉬웠어요."

주도적으로 공부하니 공부가 제일 재밌을 수 있는 것이다. 궁금한 것은 꼬리에 꼬리를 물고 책을 찾아보면서 공부하니 어찌 재밌지 않을 수 있을까!

SBS 스페셜 제작팀의 『성적 급상승 공부법의 비밀』을 보면 부모의 역할에 대해 이렇게 말한다.

"평범한 학생들만이 아니라 수능 만점자들도 부모님의 통제나 간섭이 심할수록 공부가 하기 싫어졌다고 입을 모아 말한다. (중략) 부모가 절대 하지 말아야 할 일 중 하나가 바로 결과로 스트레스를 주는 것이다."

우리가 흔히 말하는 성공한 아이들 뒤에는 기다려주는 부모가 있었다. 물론 부모의 역할은 재촉과 간섭이 아닌 울타리 밖에서의 기다림이다. 물론 아직 아이가 어려서 부모님의 통제 안에 있어야 하는 상황도 있겠지만 보편적인 상황에서 부모는 기다려줘야 한다. 물론 쉽지 않다. 나도 학부모들과 상담할 때는 객관적으로 말할 수 있다. 하지만 내 아이에게만은 재촉과 간섭이 꿈틀대며 올라올 때가 있다.

이때 우리는 얼른 심호흡을 크게 하고 다섯까지 숫자를 세고 기다린다. 그러면 그 상황 또한 객관적으로 넘길 수 있다.

세계 명문 아이비리그에 입학한 아이들도 자신이 좋아하는 분야를 공부하고 체험한 인재들이다. 꿈을 이루기 위해 본인들이 프로젝트를 직접 개발해서 운영해보고, 다양한 활동과 봉사를 통해 삶의 목적을 깨닫고, 독창적으로 사고하는 힘을 키운다. 각자의 가치관으로 세상을 이롭게 하기 위한 목표도 명확한 아이들이 그 어려운 아이비리그의 문턱을 넘어서는 것이다.

우리가 부모님들에게로 양육을 받았던 시대는 20세기이다. 지금은 정보가 넘쳐나는 486이 아닌 윈도우를 넘어 '메타버스'를 운운하는 21세기를 살아가고 미래를 살아갈 아이들이다. 좀 더 다른 방법이 필요하다. 재촉과 간섭이 아닌 기다림으로 아이들 스스로 주도성을 키우고, 꿈을 찾을 수 있도록 응원해주길 바란다.

04

스스로 결정할 수 있는 권한을 준다

내가 어릴 때, 우리 집에 계시는 할아버지를 뵈러 친척들이 정말 많이 왔다. 그렇게 사람들이 들락날락해도, 사촌언니가 오는 날이면 설레서 그날을 손꼽아 기다렸다. 언니랑 재미있게 놀 생각에. 그러나 늘 재밌는 현실이 나를 기다리고 있지 않았다.

언니에겐 공부를 매우 잘하는 오빠가 있었다. 그리고 고모 손에는 늘 학습지 한 다발도 함께였다. 고모는 큰 상을 펴놓고 오빠, 언니, 내게 할 당량을 주고 해당 문제를 다 풀지 못하거나 약속을 지키지 못하면 나가 놀지 못하게 했다. 하루는 '설마 설마' 하는 마음으로 문제를 안 풀고 놀았다. 그랬더니 고모는 진짜 나만 두고, 문제집 할당량을 끝낸 오빠, 언니만 데리고 외출을 했다. 그날의 기억은 억울함만큼이나 시간이 지나도 잊히지 않았다.

그날의 기억을 기회 삼아, 나는 아이들을 가르치면서도 늘 동의를 구했다. 숙제를 내줄 때도, 수업 규칙을 정할 때도 아이들 각자가 의견을 내고 스스로 할 수 있는 기회를 제공했다. 예를 들면, 새로 만들어진 모둠일 경우 이렇게 말한다.

"앞으로 우리가 함께 공부할 거야. 얘들아, 우리가 앞으로 각자 열심히 할 수 있게 규칙을 정해볼까? 아니면 선생님이 정해서 알려줄까?"

말이 떨어짐과 동시에 아이들은 자기들이 직접 하겠다며 아우성이다. 그리고 정말 신기하게 아이들은 내가 넣고 싶었던 내용 그대로 규칙을 정했다. 무엇보다 각자의 의견을 내고 서로 협의한 규칙을 잘 지켰다.

1. 지각하지 않기
1. 친구의 의견은 끝까지 들어주기
1. 수업 시간에 연필로 장난하지 않기 등

열 개가 넘게 규칙을 정하겠다고 하는 경우, 지킬 수 있는 3~5개까지로 정할 수 있도록 나는 가이드 라인만 쳐줬다. 그래서 내가 수업하는 아이들의 모둠별 규칙이 달랐고 1년이 지나 다른 선생님께 인계할 때 인계서에 따로 기록할 말이 없을 만큼 우리 아이들은 학습 성적이나 태도적인 부분 모두 만점이었다.

이렇게 성과가 날 수 있었던 이유는 아이들 스스로 의견을 내고 선택하고 결정할 수 있었기에 아이들은 즐겁게 수업에 참여할 수 있었다. 그 규칙들을 다 실천할 수 있었다. 나는 아이를 낳고 기르며, 대화를 많이 했다. 그리고 스스로 결정할 수 있는 기회를 제공했고 결정과 선택에는 책임이 따른다는 것도 가르쳤다. 나는 아이에게 권한을 주고 존중했다.

아이가 세 살 때쯤이었을까? 편의점에 들어가서는 눈이 휘둥그레진다. 사탕에, 장난감이 들어 있는 사탕, 아이들 시선을 사로잡는 각종 물품들이 놓여 있으니 이것저것 다 들어본다.

"진아, 세상에 있는 것을 다 가질 수는 없어. 여기 있는 물건 진이가 다 들고 갈 수 있어? 그럼, 충분히 둘러보고 하나만 사는 거야. 원래 하나를 가지면 하나는 내려놓는 거야."

아이가 다 알아들을 수 없을지도 모르지만 나는 아이에게 그렇게 말해줬고 아이는 아쉬웠겠지만 내 말을 따랐다. 그리고 편의점 한 바퀴를 돌고 나면 또 금방 잊어버리는 게 아이다. 결국 킨더조이 하나만 사서 집으로 왔다.

어릴 때부터 이렇게 훈육된 아이는 한 번도 대형마트나 장난감 가게 앞에서 울고 떼쓴 적이 없다. 안 사준다는 게 아니라 하나를 가지면 하나를 내려놔야 한다는 세상의 이치를 가르쳤기 때문이라 생각된다.

그렇게 몇 년 후, 아이가 다섯 살쯤 되었을까? 마트를 갔는데 한참을 둘러보는 딸아이.

"진아, 이제 그만 가자. 빨리 골라."
"엄마, 엄마가 그랬잖아. 충분히 둘러보고 갖고 싶은 걸 갖는 거라고."

세상에. 아이는 다 기억하고 있었다. 교육의 중요성을 실감하면서도 반성했던 순간이었다.

나는 아이가 어릴 때부터, 한 가정의 구성원으로 인정하고 아이의 의견을 존중했다. 내가 아이의 의견을 존중해줄 수 있을 때, 아이도 내 의견을 존중해줄 것이다. 나아가 밖에서도 아이는 존중받고자 하는 만큼 다른 사람을 존경할 테고, 우리 아이에게 존중받은 또 다른 누군가는 우리 아이를 존중해줄 테니 말이다.

그래서 아이가 가족 구성원으로 존중받고 있다는 것을 느낄 수 있도록 가족회의도 진행하고 아이에게 의견도 물었다. 심지어 내가 회사에서 생긴 고민까지도 아이가 이해하기 쉽게 풀어 말해주고 아이의 의견을 들었다. 아이를 위해서가 아니라 순수한 아이의 의견이 내 갈등에 해답이 되기도 했다.

우리 부부는 아이가 스스로 결정할 수 있는 권한과 책임 존중을 이렇게 가르친다.

1. 관심 분야를 스스로 찾도록 한다. 욕심이 많은 아이라 하고 싶은 것도 많은 아이다. 그래서 꼭 하고 싶은 것이 있다면 우리 부부를 설득할 수 있도록 한다. 왜 그것을 새로 시작하는지, 왜 이것을 중단해야 하는지 세 가지 이상 말해보게 한다.
2. 학원을 선택하고 중단할 때도 아이와 대화하며 장단점을 비교할 수 있도록 한다. 학원을 중단하고 싶은 이유가 설득력이 있어야 한다.
3. 스스로 하루 일정을 계획하고 실천할 수 있도록 한다. 다음 날에는 계획 대비 어떤 결과가 있었는지도 스스로 점검하게 한다. 자신의 일정을 책임질 수 있을 때, 아이는 조절 능력과 성취감을 갖는다.
4. 문제집 또는 숙제 일정도 스스로 챙길 수 있도록 한다. 채점도 스스로 하도록 한다.

"엄마가 항상 하는 말이 뭐지?"

"스스로를 속이지 말라고. 내가 나를 속이면 남도 나를 쉽게 속일 수 있다고."

꼭 채점할 때만 사용하는 말은 아니다. 자기 관리에 있어서도 마찬가지다. 아직은 초등학생이라 자기 조절 능력을 학습해야 하는 시기이기 때문에 더 필요한 말이고 학습되어야 할 부분이다. 공부는 스스로를 위한 과정이다. 아이가 인지할 수 있도록 충분한 대화 후, 3학년 때부터는 채점도 스스로 시킨다. 틀린 부분도 스스로 점검하고 한 번 더 고민한 후 모르는 것은 다시 질문하도록 한다.

5. 여행지 선택도 아이의 의견을 존중한다. 우리 가족은 한 달에 한번은 여행을 한다. 지도를 볼 수 있도록 하고, 다녀왔던 곳들을 추억한다. 또 어디로 갈 건지, 가서 무엇을 하고 싶은지 각자 의견을 낸 후 정한다. 그러면 여행지에서두 적극적인 아이의 모습을 볼 수 있나.

나는 아이를 키우면서 아이의 동의 없이 학원을 결정하고, 학습을 시킨 적이 없다. 그래서 아이가 더 적극적으로 참여할 수 있었고, 간혹 아이가 학원 중단을 요청하면 이유도 충분히 듣고 내 의견과 아빠의 의견을 조합해서 결정한다. 결국 학습은 내가 아니라 아이가 하는 것이기에 아이에게 결정권을 준다. 대신, 책임도 질 수 있도록 한다.

예를 들면 나는 영어 프로그램을 하나 더 넣고 싶은데 아이는 충분하다고 할 경우, 이번 시험에서 몇 점 이상 받으면 아이 의견대로 하는 거고, 그렇지 않으면 엄마 의견 따르기 등이다. 그러면 또 열심히 한다.

하지만 아이에게 꼭 필요한 운동이나 학습을 시켜야 할 경우는 아이와 조율을 한다. 한번 체험해보고 싫다면 두말하지 않기로. 해보지도 않고 선입견이나 편견으로 안 하는 건 기회를 놓치는 것이라고 가르쳤다.

아이는 엄마가 어떻게 사고하고 행동하는가에 따라 성장한다. 스스로 결정하는 아이, 책임을 질 수 있는 아이, 권한을 주고 존중해주는 엄마가 되자.

05

결과에 대한 칭찬이 아닌 과정에 대해 칭찬한다

아이가 유치원에서 했던 실험이다. 똑같은 밥을 지어서 각각 두 개의 통에 나눠담는다. 하나의 통에는 '긍정과 칭찬' 나머지 한 개에는 '나쁜 말'이라고 표기를 해두었다. 그리고 아이들은 일정 기간 동안 각각 통에 쓰인 대로 말하는 실험을 했다. 결과는 우리가 잘 알고 있는 것처럼 '긍정과 칭찬'에 있는 밥보다 '나쁜 말'에 쓰여 있었던 밥에 곰팡이가 훨씬 더 많이 펴 있었다.

유치원에서 이 실험을 진행한 이유는 유치원 내에서 아이들이 서로 칭찬도 해주고, 긍정적인 말을 사용할 수 있도록 해주기 위해 직접 실험을 해서 보여준 것이다. 아이는 이날 실험을 마치고 집에 와서는 내게 '종알종알' 이야기했다. 그리고 밖으로 나가 화단에 있는 꽃과 나무들에게 함께 칭찬하는 말을 해줬다.

"꽃아, 잘 자라줘서 고마워."
"오늘도 예쁜 꽃을 보여줘서 고마워. 물 줄 테니까 무럭무럭 자라렴."

나는 이미 알고 있던 실험 결과였지만, 아이가 직접 체험하고 집에 돌아와 실천하는 모습을 보니 흐뭇했다. '다 컸구나.'

"진아, 엄마도 우리 딸이 건강하고 씩씩하게 자라줘서 고마워. 그리고 그 놀라운 실험 결과를 엄마한테 이야기해줘서 고마워. 우리 딸 화단에 물도 주고, 꽃들에게 칭찬해주니 꽃들도 기분이 엄청 좋겠다."

유치원에서 돌아와서는 엄마가 퇴근할 때까지 기다린 우리 아이. 기억했다가 엄마에게 전해주려던 아이의 마음이 내게 전달되는 순간 하루의 피곤이 사라졌다. 그 마음 그대로 나는 아이에게 칭찬해주었다. 아이들은 엄마를 사랑한다. 엄마 앞에서는 미주알고주알 있었던 이야기를 다말한다. 태어났을 때부터 엄마가 아이에게 어떻게 하느냐에 따라 성장하는 과정에서 아이가 바뀔 뿐이다.

아이의 생각을 질문하는 엄마. '경청하는 엄마', 공감하는 엄마에겐 자기의 생각을 이야기하고, 엄마의 생각도 들어주고, 엄마의 입장도 한 번 생각해주고 공감해주는 아이가 있다. 하지만 아이에게 질문하지 않는 엄마, 아이의 생각은 듣고 싶어 하지 않는 엄마, 일방적인 자기 입장만 이야기하는 엄마에겐 딱! 엄마가 생각하는 만큼 아이가 성장하고 있다. 아이들은 흡수력이 빠르다. 엄마가 먼저 칭찬하는 모습, 긍정적인 언어 표현을 사용한다면 아이도 엄마의 모습을 보면서 자라난다.

조세핀 킴의 『우리 아이 자존감의 비밀』에서는 아이가 칭찬을 받으면 기분이 좋아져 '도파민'이라는 신경전달물질이 분비된다고 나온다. 이로 인해 각종 면역강화물질이 생성되고 아이의 면역 체계가 활성화되는 것이다. 엄마가 해준 칭찬 한마디로 아이는 잔병에 걸릴 위험이 낮아지고 심리적 안정감도 찾을 수 있다. 하지만 지나치게 잦은 칭찬을 받은 아이들 또한 낮은 자존감을 보일 수 있다.

칭찬이 인색했던 부모님 세대, 그다음 세대인 우리. 오늘을 살아가는 많은 부모들은 많은 정보와 지식을 흡수해서 칭찬이 중요하다는 것쯤은 알고 있다. 하지만 킴 교수는 지나친 칭찬이 오히려 아이에게 독이 될 수도 있음을 경고한다.

아이를 하나둘씩만 낳아서 기르다 보니 상대적으로 아이에게만 집중하는 엄마들이 많아졌다. 그런 엄마들은 자신의 꿈, 자신의 희망, 자신의 시간을 아이에게 쏟아부어 아이로부터 그 결과물을 얻어 자신을 드러내려고 한다.

엄마들은 자신의 욕구에 따라 아이들에게 "이번 시험은 1등 할 수 있어. 너는 탑이니까.", "이번에도 네가 전교 회장을 할 거야. 넌 엄마 아들이니까." 이런 식으로 엄마가 원하는 희망 조건을 달아서 아이에게 조건부 칭찬을 한다. 이런 칭찬은 아이에게 부담이 될 뿐이다.

정말 아이가 원하는 것이 이번 시험 1등이고, 전교 회장에 당선이 되는 걸까? 그럼 전교 회장 당선이 되지 않으면 엄마의 아들이 안 되는 건가? 이런 의문이 든다.

"엄마, 이번 단원 평가에서 100점 맞았어요."
"너만? 몇 명이나? 그럼 하율이는 몇 점이야?"

아니, 아이가 100점 맞았다고 엄마한테 물어볼 때 아이는 엄마에게 무엇을 기대했을까? 칭찬이다. 입장 바꿔 생각하면 바로 답이 나온다.

"여보, 나 이 옷 어때? 너무 잘 어울리지 않아?"라고 남편에게 질문할 때, 남편이 "얼마짜린데? 그거 옆집 302호 아줌마가 입어도 잘 어울리던데." 이런 식으로 나오면 맥 빠진다.

아이도 똑같다. 질문의 의도를 파악하면 된다.

"엄마, 이번 단원 평가에서 100점 맞았어요."라고 아이가 묻는다면, "어머(추임새도 넣어주고) 우리 딸! 어제 그렇게 집중해서 복습하더니 좋은 결과를 받았네. 축하해."

이거 한마디면 된다. 이렇게 말해주면, 호응에 한 번 기뻐할 것이고, 어제 내가 노력한 것을 엄마가 알고 있다는 사실에 두 번 기쁘고, 오늘 점수를 엄마가 인정해줬으니 세 번 기쁜 효과가 있다. 아이는 엄마의 칭찬에 도파민이 분비되었다.

인생 길게 보면, 지금 당장의 1등, 눈앞에 보이는 결과가 아이의 미래를 결정하는 것은 아니다. 무엇보다 중요한 것은 아이가 하고 싶은 꿈을 찾고, 꿈을 찾았다면 주도적으로 목표를 향해 과정을 계획해서 이뤄갈 것이다. 내가 하고 싶은 일이고, 재밌는 일이기에 가능하다. 부모는 아이가 그 꿈을 찾을 수 있도록 어릴 때 다양한 경험을 통해 발견할 수 있도록 도와주면 되는 것이다.

15년 전에 과외를 하면서도 이런 생각이 들었다. 엄마들이 돈과 시간을 지불하며 바라는 것은 아이들이 서울대와 명문대를 가길 원하는 것. 그래서 강남 학군이 생기고 고액 과외도 생기고 심지어 초등학교 학생회장 출마를 위해 또 학원을 다니고 당시의 아이들 역시 바쁘고 자신의 꿈을 위해 생각할 시간이 없었다. 이 아이들이 이렇게 한다고 전부 다 서울대를 가고 명문대를 가는가?

그런데 지금도 변함이 없다. 여전히 아이들은 생각할 시간이 없이 바쁘다. 아이들이 타고난 재능과 소질이 다 다른데 모든 부모는 아이들을 학원가로 돌리며 시험을 잘 보고 좋은 성적을 받아오라고 말한다.

엄마의 온 신경과 집중이 성적에 국한되어 있기에 엄마의 말과 행동이 그대로 아이들에게 전달되는 것이다. 엄마의 말과 행동에 동의할 수 없거나 상처받은 아이들은 오히려 입시를 앞두고 마음이 틀어져 모든 것을 놓아버리기도 한다. 이 지경까지 오면 그것은 가정의 문제로 확대되기도 한다.

엄마들이 지나온 그 길을 우리 아이들이 똑같이 겪게 하지 않았으면 좋겠다. 시대가 바뀌었다. 취할 것은 취하고 버릴 것은 버려야 하는 상황이라면 사랑하는 내 아이를 위해 지금 당장 내가 해줄 수 있는 것이 무엇일까?

우선 아이가 좋아하는 것을 발견하자. 그리고 동의를 구하고 지원해주

자. 그러면 의식한 채 '칭찬을 잘해야지' 노력하지 않아도 진심으로 아이를 위찬 칭찬대포가 발사될 것이다. 결과만 보고 결과를 좇아가는 엄마가 아닌, 아이의 더 큰 미래를 보고 그 과정을 칭찬해주는 엄마가 되자.

1. 호응하면서
2. 아이의 노력과 행동에 대해
3. 구체적으로 칭찬하자.

06
아이의 자존감을 위해 엄마가 지켜야 할 대화법

"야, 너 당장 방에 안 들어가?!"

질문하는 걸까? 명령하는 명령문일까? 굳이 음성으로 녹음하지 않아도 말하고 있는 엄마가 화가 난 감정이라는 것을 쉽게 짐작할 수 있다. 감정 섞인 엄마의 말. 우리는 성인들과 대화할 때 아무리 화가 나도 "야!" 또는 "너!" 이런 말을 잘 사용하지 않는다. 왜 그럴까? 정상적인 성인이라면 나 역시 그런 말을 듣고 싶지 않기 때문이라는 것을 쉽게 안다. 나의 부모가 내게 "야!, 너!"라고 불러준다면 그 역시 썩 기분이 좋지 않다.

그런데 엄마는 왜 세상 눈에 넣어도 안 아플 내 아이에게 이런 표현을 쓰는 걸까? 기본적으로 엄마는 아이를 존중하지 않는다. 아이를 또 다른 '나'로 생각하고 존중해줘야 한다. 아무리 어린아이에게도 이런 표현은 금물이다. 아이는 그대로 흡수해서 친구와 감정이 격해질 때 혹은 사춘기 반항아가 되면 엄마에게 배운 이 표현을 그대로 엄마에게 하게 된다. 왜? 엄마한테서 배웠으니까.

그럼 엄마는 화가 나서 아이와 더 싸우게 됨으로 서로 상처만 더 커지게 된다. 조금만 주의를 기울여 한 발짝 뒤에서 생각하고 엄마의 말과 태도를 바꾸면 내 아이의 자존감은 상승할 수밖에 없다.

내 아이의 자존감을 위해서 지켜야 할 세 가지 원칙이 있다.

첫 번째, 명령하지 말자. 말이라는 게 '아' 다르고 '어' 다르다고 했다. 심부름을 좋아하는 사람이 있을까? 한번은 친구네 집에 초대받아 놀러 갔을 때의 일이다. 엄마들은 거실 다과상 앞에 앉아 있었다.

"희진아, 가서 물 좀 갖고 와."

방에 있는 희진이를 굳이 불러서 냉장고에 있는 물을 좀 꺼내 오란다. 내가 생각해도 거리상으로 거실이 더 가깝고, 희진이 엄마가 일어나서 가져오면 될 텐데 왜 굳이? 역시나 희진이는 어른들이 있어 별 말없이 물을 가져오긴 했으나 표정이 영~ 좋지 않았다.

"쟤가 요즘 사춘기라 그래요."

내 생각엔 사춘기가 아니라 엄마의 태도와 말이 문제였던 것 같다. 다른 것도 아니고 본인 필요에 의해 물이 필요하다면 엄마가 직접 일어나서 가지러 가야 했다. 또 희진이에게 가지고 오라고 시킬 것이 아니라 정중하게 부탁을 했어야 했다.

시키는 말은 명령으로 말을 받는 사람이 행하지 않으면 불이익을 불러올 수 있는 상황이고 '부탁'이라는 것은 청자에게 거절할 수 있는 기회를 주는 것이다. 이것만으로도 아이는 존중받는 느낌이 들었을 것이다. 더구나 사춘기라는 말은 아이를 한 번 더 자극한 것이다. 좀 더 주의 깊게 아이의 표정을 살피고 엄마 스스로도 돌아볼 수 있는 기회였으면 한다.

두 번째는 질문 대화법이다.

여러 가지 문장이 있다. "엄마랑 같이 놀이하자."라고 물어보는 권유문, "가서 공부해."라고 말하는 명령문, "은결이는 지금 공부하고 있다."라고 말하는 평서문, "너 지금 공부하고 있니?"라고 묻는 의문문, "어머! 지금 책 읽고 있구나!"라는 감탄문.

한번 생각해보자. 위의 다섯 가지 문장 중 엄마인 내가 가장 자주 사용하는 문장은 무엇일까? 엄마가 잘 사용하는 문장을 내 아이는 똑같이 사용하고 있다고 생각하면 된다.

엄마 혼자 결정하는 것이 아니라 늘 아이와 함께하고 동참을 이끌어내는 엄마라면 권유문을 자주 사용할 것이다. 예를 들어 밥을 먹을 때도 "밥 먹어."라는 명령이 아니라 "은결아, 밥먹자."라고 말한다. 명령문은 말해 뭐할까. 이미 익히 들어 알고 있는 말이다. 엄마의 일상을 이야기하거나, 엄마가 읽은 책을 아이에게 설명할 때 주로 사용하는 말이 평서문이다. 하지만 옆집 엄친아와 비교할 때 사용하기도 하는 말이다. 나는 아이의 동참을 이끌어내는 말인 권유문과 아이가 하고 있는 행동에 대해 칭찬이 곁들어간 감탄문, 그리고 아이의 의견을 물어보는 의문문, 이 세 가지를 적절하게 사용해 아이와 대화하길 권한다.

앞서 언급했던 것처럼, 밥을 먹는 상황에도 엄마의 말에 따라 아이는 다르게 반응할 수 있다.

"밥 먹어!" → "안 먹고 싶은데."
"밥 먹자." → "엄마도 같이 먹자는 말인데, 그럼 나도 내 자리를 지켜야지."

"밥 먹을래? 밥은 먹고 왔어?" → "내 의견을 물어보는 엄마. 감사하다."

이것은 순전히 말버릇이고 습관과 태도다. 말을 할 때 의미를 한 번 생각하고 상대방의 반응까지 한 번 더 생각해보고 말할 수 있다면 아이의 자존감을 상승시키는 것은 물론 관계도 좋아질 수 있다.

나는 늘 퇴근하면 어머님 댁으로 올라가 "다녀왔습니다."라고 인사를 한다. 우리 어머님은 늘 내게 "밥은 먹었니? 밥 먹자."라고 말씀하신다. 이렇게 질문하고 권유하는 어머님의 말씀이 감사하다. 그러니 나 역시 어머님께 더 잘할 수밖에. 말은 그런 것이다. 그 사람의 생각과 태도를 반영하는 문장이 입 밖으로 표현된다.

세 번째, 아이의 입장에서 생각해보면 된다. 앞서 여러 가지의 예를 통해 언급했지만 한 번만 더 생각해보면 답이 나온다. 내가 듣기 싫은 말은 아이도 듣기 싫은 것이고, 내가 좋은 말은 아이도 좋은 것이다.

오래전, 고객 클레임 전화를 받은 적이 있었다. 선생님께서 아이들하고 수업하면서 쓰는 말 때문이었다.

"야, 이쪽부터 해야지."

"너는 그쪽 아니고 여기부터 하는 거야."

'논술 선생님이 아이들한테 이렇게 말씀하셔도 되는 건가?'에 대한 클레임으로 관리자를 찾은 것. 사건을 해결하고자 선생님과 면담을 했다. 선생님은 자신의 말투의 문제이고, 그동안 관련된 클레임을 받은 적이 없다고. 절대 나쁜 의도는 없었다고 했다.

다 안다. 나 역시 수백 명의 선생님을 관리해왔고, 그 선생님과 지낸 시간도 있어서 나쁜 분이 아니라는 것은 알고 있었다. 하지만 말이라는 게 상대방이 기분 나쁘면 나쁜 것이다.

또한 어린 시절부터 그런 이야기를 들어왔기 때문에 선생님은 자신의 그런 말투에 대해 의식을 하지 않았던 것이고 오히려 그 클레임을 기회 삼아 의식적으로 말투를 고칠 수 있었다. 그럼 그동안 클레임을 걸지 않은 고객들은 왜 그랬을까? 선생님의 말투가 기분 나쁜 고객들은 그만뒀을 것이고, 엄마들 본인들도 그런 말을 자주 듣거나 사용함으로 인해 자각하지 않은 것일 수 있다.

엄마가 내 아이를 존중해줘야 다른 사람도 내 아이를 존중할 수 있다. 집에서부터 아이를 무시하거나 지나치게 소유하거나 존중하지 않으면서, 다른 사람이 내 아이를 존중하길 바란다면 모순이다.

사랑하는 내 아이를 세상에 없는 가장 귀중한 인격체로 바라보고 존중의 눈빛을 보내며 아이가 좋아하는 말을 하고 아이의 바른 성품과 인품을 갖출 수 있도록 아이의 입장에서 생각하고 행동하는 엄마들이 되길 바라며 응원한다.

07

아이의 자존감을 높이는 감사 일기를 쓰게 한다

아이들마다 기질과 성향이 다 다르다. 각자 소질이 있는 분야가 다르고 좋아하는 관심 분야도 다르다. 하지만 학자들을 포함해 성공한 사람들은 어린 시절에 꼭! 이것을 하라고 한다.

바로 독서다. 독서는 아이들뿐만 아니라 어른들도 해야 한다. 독서를 통해 자신이 좋아하는 전문 분야의 지식을 확장시킬 수도 있고, 경험하지 않은 다양한 세계에 대해 배울 수도 있고, 세계관을 넓힐 수도 있다. 이런 기록을 담아두는 것이 독서록이라면, 아이의 생각, 관심 분야, 가치관을 기록으로 담아두는 것은 일기다.

쓰기를 좋아하고 아웃풋이 잘되는 아이들이 있는가 하면, 책 읽기나 각종 채널 시청 등 인풋은 잘하면서 아웃풋 해내는 걸 힘들어하는 아이들이 있다.

"일기 쓰기를 어떻게 해야 해요?"
"일기엔 어떤 내용을 담아야 하죠?"

이렇게 질문하는 엄마들도 종종 있다. 나는 말한다. 그냥 생각나는 대로 작성해보라고. 쓰기가 두렵다면 대상을 정해놓고 말하듯이 쓰다 보면 어느덧 한 페이지를 쓰게 된다. 한 페이지까지 어렵다면 한 줄 두 줄도 좋다. 오늘은 한 줄, 내일은 두 줄 하다 보면 한 페이지가 된다. 하지만 아무것도 시도하지 않으면 아무것도 남지 않는다.

이전에 만났던 학부모님이 "글을 잘 쓰려면 어떻게 해야 해요?"라는 질문을 하셨다. 그때도 역시 "일기부터 쓸 수 있게 해주세요."라고 대답했다. 이것은 나의 경험이다.

나는 어린 시절부터 일기장에 나의 생각을 담았다. 심지어 일기를 쓰다가 엄마한테 혼난 적도 있었다. 물론 나 역시 매일 쓴 건 아니고, 몰아치기식 방학 숙제용으로 일기를 쓰다가 엄마가 일기 검사를 하는데 일기장을 박박 찢으면서 말했다.

"이런 내용은 쓰면 안 돼. 선생님께서 뭐라고 생각하시겠니?"

너무너무 서러웠다. 내가 어떻게 쓴 일긴데. 오기가 생겼다. 그 내용 그대로 담아 일기장에 또 쓰면 분명 또 혼날 거라 나는 다른 노트에 비밀 일기장을 만들었다. 그 후, 선생님 검사용 일기장과 솔직한 내 마음을 담은 일기장을 써내려갔다.

제출용 일기장은 밀려서 쓰고 형식적인 일기를 썼지만 아무도 보지 않는 '나만의 비밀 일기장에는 조심스레 내 감정을 하나하나 담아 솔직하게' 썼다. 그날부터 일기장은 나의 소중한 친구가 되어줬다.

성인이 되어서도 마찬가지였다. 남자친구와 헤어질까 말까 고민하던 때의 사실과 감정을 담아 친구에게 말하듯 일기를 써내려가면서 마음을 정리했다. 남편과 결혼을 할까 말까 망설이던 때 몇 날 며칠 일기를 쓰다 보니 결혼을 하게 되었다. 아이를 낳을 때 어떤 엄마가 되어 줄 것인가에 대해 일기를 써내려가며 양육의 가치관을 결정하게 되었다.

회사 일로, 집안일로 때로는 화가 나고 상처받을 때에도 일기장은 나의 멘토가 되고 친구가 되어주었다. 일기를 쓸 때마다 내가 상상한 것이 현실이 되고, 나의 꿈들이 하나씩 실현되어갔다. 헨리에트 앤 클라우의

『종이 위의 기적, 쓰면 이루어진다—꿈을 실현시키는 기록의 힘』 책을 보면 글을 쓰면서 꿈이 현실로 이루어진 다양한 사례가 소개된다.

나는 나의 경험과 책의 지혜를 발판삼아 내 아이에게도 일기 쓰기를 권한다. 아이를 낳기 전까지는 사건과 나의 생각을 담은 일기를 주로 썼다면 결혼하고 나서는 감사 일기를 주로 썼다.

감사 일기는 사람의 환경과 마음을 변화시켜주는 힘이 있었다. 서로 다른 환경에서 자란 남녀가 가정을 이루고 화합하며 살아가는 것이 결혼이다. 결혼 생활을 하다 보면 서로 맞지 않는 부분을 발견한다. 그것을 현명하게 대화로 잘 헤쳐 나가는 부부가 있는가 하면, 이것이 화가 되어 결국 이혼까지 이르게 되는 커플도 보게 된다.

나도 결혼 초창기엔 남편과 맞지 않아서, 큰 결심을 하기도 했었다. 하지만 그때 만났던 멘토님의 도움으로 '감사 일기'를 쓰기 시작했다. 매일해야 하는 미션이었기에, 남편이 집안일을 도와준 것부터, 아이와 놀아준 것까지. 사소한 것 하나하나 작성해 나갔다. 그러면서 남편을 보는 시각이 달라지고 내 눈빛이 달라지고 태도가 달라졌다. 이 일을 계기로 나는 관계에 있어 힘들어하는 사람들에게는 감사 일기를 적극 권한다.

첫 번째, 감사 일기는 습관처럼 써야 한다. 때로는 친구가 되어주고, 때로는 멘토가 되어준다. 내가 글을 쓰면서 그동안 의식적으로 알지 못했던 부분들이 보인다. 감사 일기는 엄마와 아이가 함께 쓰면 더 시너지가 날 것이다.

나는 아이가 4학년이 되면서 어느 시점, 아이와 잦은 충돌이 있었다. 매일 감사 일기를 쓰게 되었다. 나를 위해, 아이를 위해, 가족을 위해 감사 일기를 쓰며 생각하고 나를 돌아보게 되었다. 감사 일기를 쓰는 동안은 온전히 '나'에게 집중하게 된다. 오늘 있었던 하루에 대해 감사를 하다 보면 그동안 보지 못했던 것들 당연한 것들에 대한 소중함을 느끼게 된다. 하루를 살아도 감사할 것이 없어 곰곰 생각하다 보면, 내가 숨 쉬는 공기, 내 앞에 있는 풀꽃을 볼 수 있는 눈이 있는 것에도 감사하게 된다. 어찌 보면 가장 위대하고 소중한 것인데 당장 처리해야 할 일, 눈앞에 있는 것들에 가려져 보이지 않았던 것들, 볼 수 없었던 것들을 보게 된다. 그러면서 마음의 여유가 생기게 되고, 눈앞의 일들은 자연의 그 위대함 앞에 아무것도 아니었음을 인정하게 된다.

두 번째는 가족에게 감사할 일을 찾는다. 오늘 아침 아빠 엄마로부터 상처받은 마음이 있더라도 가족의 소중한 존재에 대해 다시금 생각해볼 수 있다. 가족에 대해 감사할 일이 전혀 없다면 가족 구성원이 내 옆에 있다는 것을 소중하게 생각할 수 없다.

얼마 전 아이의 학원 끝날 시간에 맞춰 건물 1층에서 기다리는데 중학교 2, 3학년쯤 되보이는 여학생들이 학원을 끝나고 내려오면서 이야기를 한다.

"어휴 짜증나. 이놈의 코로나는 왜 나타나가지고는. 코로나 때문에 재택이라고 아빠가 아예 일주일에 며칠은 출근을 안 해. 짜증 나 진짜."
"너네 집도 그러냐. 우리 집도 그래. 너네 아빠는 일주일에 그래도 며칠은 가잖아. 우리 아빠는 아예 집돌이야."

여학생 둘이 대화를 하며 내 눈앞을 지나가는데, 참으로 안타까웠다. 저 아이들은 정말 아빠가 미워서 그러는 걸까? 어쩌다 부녀 관계가 저렇게 됐을까? 아빠가 딸과의 시간을 좀 더 가졌더라면, 아이의 입장에서 대화를 좀 하고 지냈더라면 좋았을 것을 하는 아쉬움이 들었다.
가족에게 감사 일기를 쓰다 보면, 가족에 대한 본질을 아이가 알게 될 것이다.

세 번째는 오늘 하루 미워했던 사람에게 감사하는 일을 쓰게 한다. 미워하는 사람한테 감사하라고? 물론 쉽지는 않다. 당장 쓰고 싶지 않으면 건너뛰어도 좋다. 하지만 다른 사람을 용서할 수 있을 때 아이의 자존감도 지켜질 수 있다. 용서는 상대방을 위해서 하는 것이 아닌 '나'를 위해 하는 것이기 때문. 누군가를 미워하는 감정을 마음속에 담고 있으면 끊임없이 생각난다. 안 좋은 감정은 결국 부정적인 생각으로 연결되어 아이가 긍정적이거나 창의적인 생각을 할 수 없도록 막아버린다. 아이가 '용서'라는 것을 할 수 있도록 해보자. 용서도 연습이 필요하다. 어릴 때부터 용서를 잘하는 아이는 성인이 되어서도 용서를 할 수 있다.

네 번째는 자기 자신에게 감사한 일을 기록한다. 오늘 하루를 보내면서 누군가를 용서했다면, 누군가를 도왔다면 여기에 기록하면 된다. 스스로 칭찬할 만한 사건이나 이뤄낸 것을 작성해도 좋다. 그러면서 아이는 성취감과 더불어 기록을 하면서 긍정적인 자아가 생긴다.

마지막으로 자기 긍정문을 작성해 보도록 한다. "나는 나를 사랑한다, 나는 할 수 있다." 이렇게 스스로 자기 긍정문을 쓰고 읽어보면서 꿈을 키워나가는 어린이가 된다.

오프라 윈프리는 과거의 아픔과 고통을 딛고, 세계 방송 역사상 신기록을 세운 토크쇼의 진행자가 되었다. 그녀는 "당신이 갖고 있는 것에 대해 감사하라. 당신의 인생을 계속 칭찬하고 축복하라. 그러면 결국 축복받는 인생이 된다. 내가 해냈으니 당신도 할 수 있습니다."라고 긍정 메시지를 전달한다.

08

아이에게 필요한 것은 엄마의 공감 능력이다

　자존감이 높은 사람들 중에는 공감 능력이 뛰어난 사람들이 많다. 공감 능력이 뛰어난 사람들 중에는 리더들이 많다. 이것은 아이들 세계에서도 마찬가지이다. 친구들이 모여 있을 때 리더의 역할을 자진해서 하는 아이들이 있다. 문제가 생겼을 때, 방관자가 아닌 직접 뛰어들어 해결하려고 노력하는 아이들. 이 아이들을 들여다보면, 공감 능력이 뛰어난 아이들이다.

　공감 능력이 뛰어난 아이들을 살펴보면 기본적으로 자신에 대한 이해가 잘되어 있고, 내면이 단단하게 다져진 아이들이다. 해서, 공감 능력이 뛰어난 아이들은 친구를 이해하고 상대방의 입장에서 생각해볼 수 있는 여력까지 있다. 공감 능력이 뛰어난 아이들에게 친구들이 많은 것도 이 때문이다. 이 아이들의 공감 능력은 엄마로부터 배운다.

EBS의 〈아이의 사생활〉을 보면 아이들의 공감 능력을 확인하기 위해 여러 가지 실험을 한다. 그 중 자존감과 공감 관계를 알아보기 위해 아이들을 대상으로 '몸짓'으로만 상황을 표현하는 '마임공연'을 보여준다.

「엄마와 아들 역할이 등장한다. 아들은 게임을 하는 듯 양반다리로 앉아 연신 손가락을 움직인다. 엄마는 두 손을 허리춤에 대고 아이를 한참 못마땅하게 바라본다. 엄마는 아이에게 손짓하며, 다른 놀이를 같이 하자고 한다. 하지만 아이는 그런 엄마를 귀찮아하는 듯, 손을 휘젓는다. 결국 화가 난 엄마는 아이의 게임기를 빼앗아버린다. 아이는 두 다리를 버둥대며 운다.」

이 상황을 지켜본 아이들에게 질문한다. 이 중 공감 능력이 높은 아이는 엄마와 아이의 마음을 읽어낼 수 있다.

"게임을 더 하고 싶어 해요. 게임은 재밌잖아요, 게임을 하고 싶은데 못하게 해서 짜증났을 것 같아요."라고 보통의 아이들은 말하는데 공감 능력이 뛰어난 아이는 아래와 같이 답했다.

"상황극에서 엄마가 원하는 것은 아이가 공부를 열심히 하는 건데, 아이가 게임만 하니까 엄마가 화가 나서 게임기를 빼앗았어요."

이 아이는 상황에 대한 이해를 정확하게 했다. 뿐만 아니라, 엄마의 감정과 내면을 충분히 읽어내는 눈이 있었다. 제작팀은 이 아이의 아빠와 인터뷰를 한다. 이 아이의 아빠는 이렇게 말한다.

"아이와 많은 시간을 함께 보내기 위해 노력했고, 뭐든 아이가 생각하는 대로 한번 해보도록 노력했다. 아이가 하고 싶어 하는 마음을 이해하고, 어떤 행동을 하든 그 행동에 대해 아이 입장에서 생각했다."

독자들은 아이 아빠의 인터뷰를 통해 어떤 생각을 하게 될까? 결국, 이 아이의 공감 능력은 부모로부터 얻게 된 것이다. 부모는 아이의 거울이다. 부모가 아이에게 기회를 주고, 마음을 이해하고 아이 입장에서 생각한 그대로를 아이는 보고 배우며 자랐다.

아빠와 엄마가 나를 이해해줬던 것처럼, 아이는 밖에서 친구를 이해하고 배려할 수 있다. 때로는 부모로부터 배운 공감 능력을 그대로 흡수해 아빠와 엄마를 이해하고 공감해준다. 아이들은 어린 시절의 부모에게 배우고 경험한 공감 능력으로 성장하면서 빛을 더욱 발할 것이다. 하지만 어린 시절 부모에게 사랑을 충분히 받지 못한 아이들은 내면이 채워져 있지 않기 때문에 '나' 아닌 다른 사람에 대한 이해를 하지 못한다. 즉, 공감을 할 수 없다는 이야기다.

공감 능력이 부족한 아이는 당장 교우 관계에서도 문제가 발생할 수 있지만 장차 사회생활을 할 때도 그 문제는 여실히 드러난다.

나 아닌 다른 사람과 처음 만나는 가정, 이곳이 아이가 경험하는 첫 사회이다. 이곳에서 아이는 부모로부터 존중을 받고, 공감을 얻고, 사랑을 받으면서 자신에 대한 이해를 높이며 내면을 단단히 해야 한다. 세상을 살아가는 기본자세를 배우는 것, 자존감을 세우는 일은 부모로부터 가능하다.

얼마 전, 딸아이와 대화를 하며 한창 아이와 촉각을 곤두세우며 긴장 속의 나날을 보내던 그날에 대해 대화를 나눴다.

"진아, 요즘 우리 사이좋다. 그치? 그런데 기억나니? 엄마랑 한창 사이 안 좋았던 거?"

"아. 그때! 그땐 엄마가 계속 화를 냈으니까 그렇지. 지금은 엄마가 화를 안 내잖아."

"엥? 엄마가 무슨 화를 내? 그때 내가 화를 냈다고? 네가 사춘기 극에 달해서 예민했던 거 아니고?"

"소리 지르고 내는 그런 화가 아니라 엄마의 눈빛이 말해주고 있었다고. 그리고 엄마 목소리에 이미 화가 나 있었어. 그러니까 나도 기분이 안 좋았지."

딸과 대화 후 처음 알았다. 내가 눈빛으로 감정 폭탄을 발사했다고? 내가? 우리 집에선 '째려보기', '나쁜 말 하기' 등 금기 사항들이 있다. 그래서 절대 내가 아이를 향해 눈을 흘기지 않는데 내가 눈빛으로 말했다고?

곰곰 생각해보다 깨달았다. 나의 감정 상태가 좋지 않았으니, 아이를 쳐다보던 나의 모습, 내 눈 빛에서 아이는 '사랑'이라는 단어를 볼 수 없었던 것이 아닐까? 그러다 보니 자연스레, 눈빛뿐만 아니라 목소리에도 좋지 않은 감정이 아이에게 전달되었으리라.

부모를 교육하는 일을 하고, 아이들을 가르치는 선생님들에게 마인드 코칭을 하고, 많은 도서를 읽었더라도 내 아이에게 객관적일 수 없고, 욕심을 부릴 수밖에 없는 나도 대한민국 엄마였다. 순간의 욕심이 나로 하여금 아이의 마음을 다치게 했던 것이다.

엄마의 재촉 "빨리빨리."

확인 사살 "숙제 다 했니?"

단, 두 마디뿐이었지만 이 말속에 많은 뜻이 담겨 있음을 아이는 알고 있었던 것이다. 어린 시절 아이가 그렇게 '빨리빨리' 해야 할 일이 무엇이 며, '숙제'를 다 하는 일이 그토록 중요하단 말인가? 물론 스스로 알아서 한다. 엄마가 재촉하지만 않으면. 이것이 아이들의 마음이다.

이런 관계가 지속되면 상처만 남는다. 빠르게 상황을 벗어나서 우리 아이가 공감을 하고 창의적인 생각을 할 수 있도록 해야 한다.

공감 능력이 높다는 것은 상대방의 의견에 귀를 기울이고 경청하는 것이다. 경청을 한다는 것은 상대방의 눈을 보고 마음을 같이하는 것이다. 상대방이 말하는 중간에 끼어들거나 끊지 않는다. 이것은 기본이다. 상대의 이야기에 집중했기 때문에 함께 슬퍼하기도 하고, 함께 기쁨을 나눌 수도 있다. 결국 이것은 의사소통 능력을 키워주는 일이기도 하다.

우리 아이의 사회성을 위해, 아이의 자존감을 위해 아이에게 필요한 것은 엄마의 공감 능력이다. 특별하게 무엇을 제공하는 것이 아니다. 평소에 아이를 대하는 엄마의 자세에서 아이는 공감 능력을 배우고 실행한다.

아이의 공감 능력을 키우는 자세

첫째, 아이의 눈을 바라본다.

둘째, 아이의 이야기에 집중한다.

셋째, 아이의 말에 호응하며 추임새를 넣어준다.

넷째, 절대 말을 끊거나 끼어들지 않는다.

다섯째, 아이가 말할 때 엄마의 생각을 주입하며 가르치려 하지 않는다.

그리고 가장 중요한 것은 아이를 진심으로 사랑하는 그 마음을 아이가 알 수 있도록 표현하는 것이다.

아이의 자존감은 엄마의 태도에서 결정된다

5장

자존감, 결국 아이의
미래를 결정한다

01

성공한 사람들은 자존감이 높다

　당신이 생각하는 성공한 사람들은 누구인가? 사람마다 생각하는 성공의 기준은 다르다. 경제적으로 성공한 사람, 사회적 위치에서 성공한 사람, 부와 명예를 얻지 않더라도 삶 속에서 자신이 행복하다 느낄 수 있다면 그 또한 성공한 사람이다.

　미국 대통령이었던 오바마, 그는 미국 대통령을 역임하면서도 자녀의 자존감 교육을 위해 노력했다. 미국인들이 가장 좋아하는 방송인 오프라 윈프리, 마이크로소프트의 창업자 빌 게이츠뿐만 아니라 우리가 흔히 알고 있는 유명한 사람들, 성공한 사람들은 자존감이 높다.

자존감이 높은 사람은 다른 것에 집중하지 않고, 실패를 두려워하지 않으며 오직 자신이 세운 목표에만 집중할 수 있는 힘이 있기 때문이다.

〈오프라 윈프리의 10계명〉

1. 남들의 호감을 얻으려 애쓰지 말라

2. 앞으로 나아가기 위해 외적인 것에 의존하지 말라

3. 일과 삶이 조화를 이루도록 노력하라

4. 주변에 험담하는 사람들을 멀리하라

5. 다른 사람들에게 친절하라

6. 중독된 것들을 끊어라

7. 당신에 버금가는 혹은 당신보다 나은 사람들로 주위를 채워라

8. 돈 때문에 하는 일이 아니라면 돈 생각은 아예 잊어라

9. 당신의 권한을 다름 사람에게 넘겨주지 말라

10. 포기하지 말라

오프라 윈프리의 어린 시절은 평탄하지 않았다. 가난한 흑인 가정의 사생아로 태어났고, 아버지와 어머니의 집을 번갈아가며 지내는 불안한 생활도 했었고, 친척들로부터 지속적인 성적 학대를 받았다. 방황했던 어린 시절, 마약의 경험도 있었다.

하지만 그녀는 결국, 자신의 불행한 과거를 인정하고 오픈함으로써, 공감과 소통으로 유명한 방송인이 되었고, 지금은 작가로 활동 중이며, 세계에서 영향력 있는 여성으로 인정받고 있다.

그녀는 자신의 과거를 인정하고 과거로부터 해방되었다. 그녀가 이렇게 할 수 있었던 이유는 자신을 사랑하는 마음, 어떠한 경우에도 흔들림 없이 자기를 존중하는 마음이 있기 때문이었다. 그녀를 이런 힘든 상황에서 꺼내준 것에는 아버지의 도움이 있었다.

〈오프라 윈프리의 10계명〉을 보면, 자신에게 집중하라고 말한다. 남들에게 호감을 얻기 위해 애쓰지 말라는 것, 외적인 것에 의존하지 말라는 것, 당신의 권한을 다른 사람에게 넘겨주지 말라는 말은 자신을 사랑할 줄 아는 마음이 있기에 가능한 것이다. 오직 자신에게 집중하는 삶을 살기 위해 노력했다는 증거이기도 하다.

주변에 험담하는 사람을 멀리하라는 말도 자신을 지키기 위해 그녀가 선택한 액션이다. 중독된 것들을 끊으라는 말은 자신을 지키기 위해 최선의 선택, 최고의 선택을 한 것으로 보인다. 주변 사람들에게 친절하라는 말은, 결국 나 자신이 스스로를 사랑할 수 있을 때, 내면을 들여다보고, 에너지가 충분히 채워져 있을 때, 주변을 돌아보고, 사람들을 돌아보며 친절을 베풀 수 있는 힘과 용기가 생긴다.

성공한 사람들은 옳고 그름에 대한 판단력, 정확한 목표를 설정했다면 주변을 정리하고 나아갈 수 있는 추진력, 사람을 끌어 모으는 공감 능력, 소통 능력이 뛰어남으로 리더십이 있다. 이런 능력이 있을 수 있는 모든 이유는 이들에게 자존감이 있기 때문이다.

우리가 말하는 엘리트 집단, 하버드생들도 자존감이 높은 경우가 대다수다. 공부를 잘하는 아이들 중에는 자존감이 높다는 말도 많이 한다. 누가 뭐라 하지 않아도 자신의 가치를 스스로 높게 평가하고, 자신을 누구보다 사랑하고, 존중하기 때문에 자신의 삶을 스스로 계획한다. 공부 또한 성공으로 가는 길, 행복으로 가는 길의 한 과정임을 알고 있어서, 주도적으로 학습하기 때문에 공부가 즐거울 수 있는 것이다. 결과보다는 과정에 집중하는 아이들이 된다.

하지만 어떤가! 이 아이들이 꿈과 목표가 설정되었다 하더라도, 그 길목에서 부모라는 이유로 아이들을 통제하고, 부모의 말만 옳은 양 따르라고 시도한다면 결코 좋은 결과가 없었을 것이다. 결국 부모의 기다림과 응원이 아이들로 하여금 힘을 얻을 수 있도록 한 것이다.

성공한 사람들은 21세기 4차 산업시대에 가장 중요한 것은 창의성이라고 말한다. 지금 우리가 아이들에게 키워줘야 할 것은 100점이라는 시험 결과가 나오도록 아이를 다그칠 것이 아니라 아이의 창의성을 기르기 위해 부모인 내가 해야 할 일은 아이의 자존감을 키워주는 일, 아이의 자존감이 회복될 수 있도록 돕는 일이다.

성공한 사람이 되고 싶으면 성공한 사람이 하던 대로 따라 하라는 말이 있다. 반대로 실패하고 싶으면 실패한 사람의 말과 행동을 따라 하면 된다. 성공한 사람들은 말한다. 행복한 일을, 가슴 뛰는 일을 하라고. 이 시대에 꼭! 필요한 일, 사람만이 할 수 있는 고유한 일을 찾으라고. 과연 그 일이 아이들이 시험지에서 100점 맞는 결과일까?

더 큰 것을 보고 큰 것을 그려야 한다. 부모가 아이에게 다양한 경험을 제공하고 아이들이 큰 꿈을 꾸고 그릴 수 있도록 도와야 한다.

자존감이 낮은 아이는 끊임없이 두려워하고, 남 탓하고, 자신을 사랑하지 않는다. 외모에 대한 불평도 하고, 내면이 단단하지 않으므로 상처도 잘 받아 다른 사람과의 소통이 힘들 것이다. 공감이 안 되는 것이다. 그러다가 결국 사회에 적응을 못 하는 사람이 된다.

세계를 방문하며 구호 활동을 했던, 한비야 역시 어린 시절 집에 세계 지도가 있었다고 한다. 그 세계 지도를 보면서 꿈을 키웠다고 한다. 꿈이 있는 사람은 절대 실패가 두려워서 움직이지 않는 사람이 아니다. 우리가 가야 할 길을 앞서간 선구자들을 찾아, 오늘은 모두가 자존감이 회복되기를 바란다.

어릴 때부터 꿈이 있는 아이들은 자신의 꿈의 크기만큼 행동한다. 결국 내가 해야 할 일을 찾은 것이다. 그러니 일을 수행할 때마다 얼마나 기쁘겠는가? 다른 사람이면 쉽게 결정하지 못했을 일, 목숨을 걸고 구호활동을 한 한비야 작가. 한때는 모든 사람의 선망의 대상이었다.

자존감.

어떤 힘든 일에도 결코 무너지지 않고, 불편한 일에도 적당히 타협하지 않으며, 남과 비교하지 않는 것. 자존감의 이름이다. 결과에 연연해하지 않고, 자신이 목표를 이루기 위해 경험한 그 과정을 중요시 생각하며 실패해도 다시 도전할 수 있는 그것이 자존감이다.

라이트 형제에게 자존감이 없었다면 우리는 오늘날 비행기를 만나지 못했을지도 모른다. 에디슨에게 자존감이 없었다면 오늘날 우리는 전기를 사용하지 못했을지도 모른다. 오바마, 오프라 윈프리, 한비야에게 자존감이 없었더라면, 우리는 그들의 과거로부터 해방된 그들의 이야기로 소통하거나 위로받지 못했을 것이다.

많은 사람들이 상처받은 과거를 오픈하지 않은 채 끌어안고 살아간다. 그들이 과거로부터 회복되었을 때, 자존감이 형성되고 진정한 행복을 맛볼 수 있다. 인생은 도전하는 자에게, 기회는 준비하는 자에게 온다. 절대 세상에 그냥은 없다. 공짜 점심은 없는 법.

우리 아이를 크게 키우고 싶다면, 엄마가 먼저 크게 볼 수 있는 눈을 키우면 된다. 그리고 큰 것을 향해 보자. 눈으로 내 앞에 있는 좁쌀만 보지 말고 큰 숲, 높은 하늘을 바라보자. 그럼 내 아이의 꿈의 크기도 같이 자라날 것이다.

아이는 하나님이 주신 고귀한 선물이다

남편과 나는 삼 년 동안 연애를 하고 결혼을 했다. 한 달 만에 만나서 결혼하고 1년 만에 결혼하는 부부들이 있는 걸 보면 우리의 연애 기간이 짧지는 않았다. 하지만 각자 일이 바빠 자주 만나지 못했다.

결혼식은 올렸지만 당시 나의 근무처는 강릉, 남편은 서울이라 3개월 정도 주말부부로 지내야 했다. 일이 끝나고 금요일 막차로 내려 온 남편, 일요일이 되면 막차로 서울로 올라가고, 한번은 내가 서울에 갔다가 일요일 밤에 강릉으로 홀로 내려와야 했다.

그 늦은 밤 고속버스를 타고 내려, 다시 택시를 타고 혼자 원룸으로 향했던 기억은 아직도 생생하다. 신혼이어서 그랬는지 어찌나 서로 애절하던지, 그 짧은 3개월이 우리 부부를 더 끈끈하게 해줬는지도 모르겠다. 그래서인지 서울로 신혼집을 마련하고 나서 남편은 내게 말했다.

"우리도 남들처럼 심야 데이트도 좀 하고, 주말에는 같이 TV도 보고, 여행도 다니고…."

"지금 그러고 있잖아. 왜?"

"아니, 아기는 신혼을 좀 즐기다 1년 쯤 후에 갖는 게 어때?"

"응, 그래. 오빠."

우리는 협의 하에 신혼을 좀 즐겨주기로 했다. 그런데 같은 해에 결혼을 왜 그리 많이 했는지, 주변에서 임신 소식이 하나둘씩 들려온다. 나보다 한 달 먼저 결혼한 사촌언니는 유산하고도 다시 임신해서 출산 준비를 한다고 했다.

"그래. 괜찮아. 우리는 좀 즐기기로 했잖아."

그러던 어느 날, 나보다 늦게 결혼한 남동생은 벌써 임신해서 출산 예정일을 받았다고 한다. 마치 약속이라도 한 듯 여기저기서 그동안 잠잠

하던 둘째, 셋째 소식도 들려온다. 갑자기 불안해지기 시작한다.

"오빠야, 우리 이러다 임신 안 되는 거 아니야?"

남편의 눈치를 보니, 슬쩍 불안해지기 시작했나 보다. 그렇게 크리스마스 이브를 보내고 난 뒤 드디어 우리에게 아기가 찾아왔다.

사실 말을 안 해서 그렇지, 아기를 맞이할 준비도 안 되어 있었으면서 남들이 하나둘씩 아이가 생겼다고 하니까 내심 조바심도 나고, 초조하고 불안했다. 아기는 갖고 싶다고 가질 수 있는 것도 아니고, 열심히 공부해서 100점 맞는 시험지처럼 노력한다고 될 일도 아니었다. 확률의 문제라고도 하지만, 아무 문제가 없어도 7년 만에, 10년 만에 임신을 하는 사람들을 주변에서 보기도 했다. 그 긴긴 시간 동안 부부가 아이를 갖기 위해 얼마나 노력하는지를 옆에서 봐왔기에 더더욱 조바심날 수밖에 없었다. 그리고 지인 중에 아이를 낳지 않고 10년 이상 된 부부에게 질문을 했더랬다.

"왜 아이를 안 낳아요?"
"처음엔 조금만 더 있다가, 좀 더 있다가 하면서 미뤘는데, 어느 날 보니 벌써 5년이 넘었더라고요. 그런데 이제 와서 보니 시간이 너무 지나버렸더라고요."

"이제라도 준비하면 되잖아요. 주변에도 결혼 10년차에 임신한 부부 있는데….

"음, 지금까지는 '내가 낳지 않는 거야.'라고 생각해서 안 낳은 거잖아요. 그런데 이제 내가 낳으려고 맘의 준비를 마쳤는데 아기가 찾아오지 않으면 그 감정을 감당 못할 것 같아요. 아이를 안 낳는 거랑, 안 생기는 거랑 다른 문제니까요. 내가 간절히 갖고 싶은데 방법이 없잖아요. 나와 남편의 유전자가 만나 우리를 닮은 한 생명이 태어나는 건데. 그건 신의 영역이잖아요. 명품백, 값비싼 차. 이런 거 결국 돈만 있으면 되는 건데 아기는 그런 문제가 아니잖아요. 아기 갖고 싶어서 불임센터 다니는 친구네가 있는데 진짜 힘겨워 보이더라고요. 그래서 솔직히 말하면 자신 없어요. 못 낳는 게 아니라 안 낳는 걸로 이번 생은 마치려고요."

나도 아이가 생기기 전에 이런 이야기를 들었는데, 마침 그때 지인과 이런 대화를 나누고 나니까 더 조바심이 났다. 세상에 아이들이 이렇게 많은데, 결혼을 하고 보니 쉽게 생기는 게 아니었다.

아이를 갖고 싶다고 당장 가질 수 있는 것도 아니고, 낳고 싶다고 낳을 수 있는 문제가 아니었다. 얼마나 아이가 갖고 싶었으면, 아이를 훔치는 범죄 사건도 있지 않던가. 아니, 그럼 도대체 아이를 낳아서 버리는 사람들은 뭔가 싶으면서 머리가 뒤죽박죽되기 시작했다.

마침 이런 고민이 얼마 가지 않아 나는 배 속에 아이를 품을 수 있었고, 신이 내게 주신 선물로 날마다 감사하며 귀하게 키울 수 있었다. '임신 전에 아이를 낳지 못하면 어쩌지?'라는 불길한 생각과 지인과의 대화를 통해 배 속에 생긴 아기를 더욱더 감사함으로 품을 수 있었다. 매일 아기와 대화하면서 출근하고, 일을 많이 해서 미안하다 사과하고, 엄마에게 찾아와줘서 고맙다고 하면서.

사람들은 자신이 가진 것에 대한 소중함을 잊어버리고 살아갈 때도 많다. 당장 사는 게 바빠서 눈앞에 보이는 것만 보기 때문이다. 눈을 들어 세상을 보고 더 넓게 볼 수 있다면 더 소중한 것들을 잃어버리지 않을 텐데 말이다.

죽음을 앞둔 사람들에게 세상을 살면서 가장 후회되는 것이 무엇이냐고 질문하면 이렇게 말한다고 한다.

"자식들을 더 많이 사랑해줄 걸."
"가족들과 시간을 좀 더 많이 보낼 걸."
"여행을 좀 더 많이 다녀볼 걸."

지금 당장도 할 수 있는 일인데, 내면이 채워지지 않은 채 세상을 쫓고, 세상이 원하는 일을 하다 보니 가장 소중한 것을 잃어버리고 죽기 전에 후회하는 것이다.

이와 마찬가지다. 결혼하면 당연히 남들에게 생기듯 내게 생긴 아이라고 생각하는 사람과 결혼 5년 만에, 10년 만에 아이를 낳기 위해 갖은 고생을 하다 하나님이 주신 생명을 만나는 부모는 아이를 향한 느낌이 다르다.

작년 12월, 내게 다시 생명이 찾아왔다. 딸아이와 10살이나 차이가 나는 아이. 지금 코로나인데 임신하고 30kg까지 몸무게가 늘었던 나는 또다시 몸무게가 불어날 것을 걱정했다. 그렇게 5주차가 되던 날, 병원에 정기검진을 갔는데 아기의 심장소리가 들리지 않는단다. 막상 의사 선생님으로 그런 이야기를 들으니, '병원 기계가 잘못된 거 아니야?' 다른 병원을 다시 가봐야겠어!' 이런 생각을 하며, 집으로 돌아오는 차에 타서는 울음을 터뜨렸다.

생각해보니 임신 소식을 알고 나서 감사하는 마음이 없었다. 아이를 내게 주신 하나님께 감사하는 마음이 없었다. 딸을 가졌을 때는 그토록 소중하고 감사하는 마음이 컸는데, 이번엔 그러지 못한 것. 그래서 아기한테 너무 미안했다.

지금 내 옆에 있는 아이는 하나님이 주신 고귀한 생명이다. 세상에 단 하나밖에 없는 딱 내게만 온 고귀한 선물. 세상 그 무엇과도 어떤 것과도 바꿀 수 없는 귀한 생명. 내 아이에게 엄마가 진정해 줄 수 있는 것은 무엇일까?! 우리 아이가 세상을 잘 살아가기 위해 필요한 것은 무엇일까?

오시마 준이치의 『커피 한잔의 명상으로 10억을 번 사람들』에 나오는 말이 떠올랐다.

"좋은 일을 생각하면 좋은 일이 일어나고 나쁜 일을 생각하면 나쁜 일이 일어납니다."

03

아이의 자존감을 위해 엄마가 행복해야 한다

　세계 최고 고등 교육 기관 하버드대학교! 모든 엄마가 한 번씩은 꿈꿔 봤을 학교다. 이는 하버드를 나오면 경제적으로나 사회적으로나 어느 정도 권위를 가지고 부와 명예를 함께 누리고 살 수 있을 거라는 기대감 때문이다. 하지만 실제 하버드 학생들이 모두 행복했던 것은 아니다. 하버드대학교 연구진들은 '진정한 행복'에 대한 연구를 실시한다. 하버드대학교 경영대학원 크리스 텐슨 교수는 이렇게 말한다.

　"목적 없는 삶은 빈껍데기일 뿐이다."

실제로 행복에 관해 이야기를 하면 '부'와 '명예'를 떠올리는 경우가 많다. 이는 어릴 때부터 우리가 부모로부터 사회적 현상으로부터 그런 교육을 받아왔기 때문이다. 무조건 1등을 해야 하고, 1등 하면 서울대를 갈 수 있고, 서울대에 나오면 변호사, 의사 등 전문직을 가질 수 있고 '부'는 따라온다고.

하지만 지금은 아니다. 모두가 다 그렇게 살고 있지는 않다. 그럼에도 불구하고 어릴 때 부모로부터 그런 교육을 받아온 21세기 엄마들은 자녀들에게 자신의 부모로부터 받은 가치와 사상을 그대로 물려주고 있다. 이제는 좀 벗어나도 된다. 하지만 엄마들은 자신들이 세상을 보는 눈을 키우지 못했기에 세상의 흐름을 바로 볼 수 없는 안타까운 현실이다.

오스카 와일드의 『행복한 왕자』를 보자. 사파이어부터 시작해서 값비싼 물건으로 만들어진 행복한 왕자 동상이 있다. 제비는 행복한 왕자의 부탁으로 세상에 가난한 사람들에게 행복한 왕자 동상의 일부를 하나씩 떼어다 가져다주었다. 그러다 겨울이 되어 제비는 행복한 왕자 동상 옆에서 죽게 된다. 행복한 왕자의 동상이 볼품없어지자 시의원들은 동상을 녹여버린다. 하나님이 천사에게 도시에서 가장 귀한 두 가지를 가져오라고 명령하고, 천사는 주저없이 행복한 왕자의 쪼개진 심장과 죽은 제비를 가져다 바친다.

행복의 기준을 '부'로 생각하고 있던 내게 오스카 와일드의 『행복한 왕자』는 행복의 기준을 다시 찾을 수 있는 시발점이 되었다. 실제 물질이나 보이는 것이 아닌, 내면의 소리를 듣고 더 가치 있는 일을 하는 사람들을 찾아보면 많이 있다.

아프리카나, 제3국가에 봉사를 하러 다니는 사람들. 멀리 가지 않더라도 자신보다 더 힘든 사람들을 돕고 있는 많은 사람들은 봉사를 하면서, 가진 것을 나누면서, 마음을 나누면서 또 채워지고 행복을 말한다.

얼마 전, 송수용 대표님의 DID 코칭과정 중 내가 생각하는 행복에 대해 이야기하는 시간이 있었다. 행복한 순간도 좋고, '행복' 하면 떠오르는 이야기도 좋고, 행복에 관해 서로 나누는 시간이었다.

크루아상 생지를 구워서 이웃들과 나눠먹을 때 느끼는 일상의 소중함을 말하는 분, 아버지께 받은 사랑이 문득 떠올라 아버지를 안아주고 사랑 고백을 하던 순간을 고백하는 분도 있었다. 행복은 이렇게 우리의 일상 속에 스며들어 있다. 내가 의식을 갖고 찾으면 되는 것이다.

내가 살고 있는 지금은 미래에서 보면 과거다. 또 현재는 과거의 내 모습들이 만들어져 있는 곳이다. 아이를 낳고 세 살 때쯤 육아와 일을 병행하는 게 한참 지칠 때 박웅현의 『여덟 단어』를 보면서 위로를 받았다. 내가 살고 있는 현재는 지금 지나가고 있다. 현재에 충실할 때 나는 오늘도 행복하고 오늘을 보낸 나의 미래도 행복할 수 있다.

엄마가 이렇게 일상에서 행복을 찾을 수 있다면, 최상의 컨디션으로 우리 아이의 내면에 집중할 수 있는 눈과 힘이 생긴다.

옆집 철수 엄마는 오늘도 부리나케 철수를 학교에 보내고 우리 집으로 달려온다. 커피를 한잔씩 마시며, 아래층 민주 엄마에 대한 이야기를 시작한다.

"자기야, 민주 엄마는 평소에 돈이 없다 없다 하면서도 이번에 또 해외여행을 간다고 하더라. 아니 뭐 그런 걸 숨기고 그래? 뭐 미리 말하면 누가 따라가기라도 한대? 돈이 없다는 말을 말던가!"

쉴 새 없이 이어지는 이야기.

"아니 그리고, 그 옆집 지은이네 말이야. 애가 공부를 안 한다, 따로 안 시킨다 그러더니, 이번 영어 학원 테스트 통과해서 레벨 업 한 거 알지? 뭐 그러냐."

점심 때가 다 되도록 온 동네 엄마에 그 자식들까지 다 소환되고, 학교 아이들 이름까지 다 한 번씩 언급된다. 민주네가 돈이 있어서 가든, 없어도 가든 그것은 민주네 가정사 아닌가?! 또 지은이도 공부를 했으니 레벨이 잘 나왔을 것이고, 또 사실 영어 학원의 레벨 점수가 뭐 그리 중요한가? 인생 길고 넓게 보면 그 또한 아무것도 아닌 것을.

동네 사람 다 소환해서 부정적인 이야기를 늘어놓는다. 그 이야기를 듣고 있노라면 에너지가 다 빨려서 하루 리듬이 망가진다. 철수 엄마가 가고, 우리 아이가 집으로 들어왔다. 과연 즐겁고 기쁜 얼굴로 맞이할 수 있겠는가!

나는 엄마들에게 말한다. 혹시 주변에 철수 엄마와 같은 사람들이 있다면 멀리하라고. 이집 사정, 저집 사정 다 캐서 전달하는 엄마는 어디나 있다. 그런데 재미있는 건 이 글을 읽고 있는 사람도 자신이 철수 엄마라는 사실을 모를 것이라는 점이다. 철수 엄마가 전해주는 사실은 뻥튀기도 많아서 실속 정보도 아닐 뿐더러, 내가 알고 있어야 할 이유도 없다. 나는 오로지 나의 삶의 목적에 집중하고, 내 아이에게 집중하면 된다.

하버드대학교 경영대학원 교수 클레이튼 M. 크리스텐슨 교수는 이렇게 말한다.

"목적 없는 삶은 빈껍데기일 뿐이다."

철수 엄마에게는 동네를 캐고 다닐 시간에, 자신을 위한 투자, 공부를 하면서 삶의 격을 좀 높이기를 권하고 싶다. 철수 엄마와 가까이 지내며, 철수 엄마의 이야기를 듣는 입장이라면, 마음공부를 통해 삶의 목적을 찾아 매일 행복한 삶을 살아가라고 말하고 싶다.

엄마가 행복해야, 내 아이도 행복하고 아이의 자존감도 높아진다. 아이는 결국 엄마의 눈빛, 엄마의 말, 엄마의 태도로 자신의 가치를 발견하고 내면을 단단히 할 수 있다. 우리 아이들에게도 세상을 넓게 보는 눈을 키워주면 된다. 당장 눈앞에 있는 현실이 아니라 숲을 보는 눈을 키워줘야 한다. 그리고 그 숲을 볼 수 있도록 충분히 독서와 사색과 경험을 할 수 있는 시간을 제공해주어야 한다. 4차 산업은 메타인지에 올라타라고 말한다. 결국 행복의 기준은 마음에 달려 있다.

04
매일 아이와 소통하는 가족은 건강하다

주변을 보면 소통을 참 잘하는 사람들이 있다. 그 사람들을 잘 들여다보면 공통점이 보인다. 경청하는 자세. 소통을 잘하는 사람들은 질문을 하고 경청을 한다. '경청을 잘한다'는 것은 나의 판단이 아니라 상대방이 해주는 피드백이다.

'아! 이 사람이 내 이야기를 잘 듣고 있구나!'

말을 하는 화자는 말을 하면서도 청자를 바라본다. 이야기를 듣는 사람이 내 이야기를 잘 들을 준비가 되어 있나? 잘 듣고 있나? 내 이야기를 듣는 자세, 눈빛을 통해 내 이야기를 잘 듣고 있다는 것을 알게 되면 가슴속 깊이 묻어 둔 솔직한 이야기를 꺼낸다.

사람과의 관계에서 의문이 들 때면 입장을 바꿔 생각해보면 답이 나온다.

지점장 생활을 지속해오다 지칠 때쯤 회사에서는 배려를 해줬다. 직책을 바꿔서 새로운 경험을 할 수 있도록 해준 것이다. 교육을 준비하고, 진행하고, 때론 연수원 강의도 가야 했지만 재밌었다. 어린아이를 떼어놓고 가는 것은 미안했지만, 한 달에 한번은 무주 연수원에서 1박 2일 강의를 했다. 서울에서 운전해서 무주로 갈 때면 멀긴 하지만 경치도 둘러보고, 힐링이 되기도 했었다. 어떤 상황에서든 생각하기 나름 아닌가.

나는 강의장에 들어서면 본격적으로 시작하기 전에 항상 질문을 먼저한다. 오늘 오신 분들은 어떤 마인드로 앉아 있는지 확인하기 위해 오늘의 날씨에 대해서도 물어보고 일상의 소소한 것들을 질문한다. 그리고 한분 한 분 눈을 마주치며 아이 콘택트를 한다. 그리고 분위기를 파악한다. 그동안 강의를 하면서 한 번도 지치거나 힘들다 느낀 적이 없었다. 늘 흥분되고 즐거운 시간이었다. 그것은 결국 강의평을 통해 받아 볼 수 있다.

사람은 서로 감정을 나눌 수 있다. 내가 느끼는 감정을 상대방도 느낄 수 있다. 강의를 함께 호흡할 수 있었기에 나는 수강생들에게 도움이 되는 실질적인 더 많은 이야기를 해줄 수 있었다.

일대일 코칭을 할 때도 마찬가지다. 먼저 상대방의 상태를 점검해봐야 한다. 질문을 통해 상대방이 어떤 상황인지를 본다. 그리고 마음과 마음이 통할 수 있게 잘 듣는다. 그러다 보면 함께 눈물을 흘리고 상대방을 더 잘 파악하게 된다. 이것이 경청이다.

나를 믿고 이야기한 분은 한두 시간이 되도록 자신의 이야기를 하면서 털어낸다. 하지만 듣는 나 역시도 그 시간이 지루하지 않다. 함께 아파하고 함께 웃고 함께 기뻐하면서 경청을 했다. 진심으로 공감했다. 이것이 소통이다.

약속이 있어 카페에 가면 정말 많은 테이블에 많은 사람들이 앉아 있다. 그리고 서로 다양한 이야기를 나눈다. 그런데 한 사람은 핸드폰을 보고, 다른 한 사람은 창밖을 보고, 이야기를 하는 사람은 한 사람이다. 이것은 경청이 아니다. 이야기를 하고 있는 화자를 존중해주는 태도 역시 아니다. 사람은 끼리끼리 만난다는 말이 있다.

그런 대접을 받아도 되기 때문에 그 자리에 앉아서 말을 하는 것이고, 그 자리에 앉아서 듣는 것이다. 정말 미안하지만 딱 그 모임의 수준이다.

나는 이런 경험을 바탕으로 아이가 태어났을 때부터 경청을 가르쳤다.

해서 우리 부부가 늘 억양이 높아지거나 흥분될 때면,

"아빠, 엄마 이야기 먼저 들어야지."
"엄마, 아빠가 지금 말하고 있잖아요."

딸아이가 네 살 때 한 이야기다. 깜짝 놀란 우리 부부는 하던 말을 멈추고 반성했다. 아이의 이런 태도는 부부 싸움까지 중재시킬 수 있었다. 아이가 이런 태도를 기를 수 있었던 것은 어린 시절의 가르침 때문이다. 우리 부부 역시 누가 말하지 않아도 끝까지 들어주기, 언성 높이기 않기, 화가 나더라도 절대 상대방의 상처 건드리지 않기, 친정 또는 시댁 이야기 가져오지 않기.

약속을 한 것은 아니다. 자연스럽게 이것이 사람이 서로 신뢰하고 살아가는 데 필요조건인 것을 알기 때문이다. 우리의 이런 생각은 자연스럽게 아이에게 전해진다.

헬로 키티가 인기가 있는 이유는 귀는 쫑긋하고 입은 없기 때문이란다. '나는 너의 말을 들을 준비가 되어 있어. 뭐든 나에게 이야기하렴.'이라고 말하는 듯 입은 꼭 다물고 귀를 기울이고 있으니 아이와 어른 모두의 친구가 된다 한다.

우리 아이들과의 소통의 시작점은 경청이다. 오늘 아이가 어떤 생각을 했는지 먼저 질문하고, 왜 그런 생각이 들었는지를 질문하면 오늘 무슨 일이 있었는지를 술술 들을 수 있다.

　엄마가 오늘 어떤 일이 있었는지를 묻는다면, 아이가 받아들일 때 '사건'이 중요한 것이고 오늘 어떤 생각, 어떤 감정이었는지를 먼저 묻는다면 엄마의 관심은 오직 '나'를 우선시하고 있다는 것을 자연스레 아이도 알게 된다. 그리고 다른 일은 잠깐 멈춰도 아이의 말을 들어주도록 한다. 그러면 아이는 엄마가 더 묻지 않아도 자신의 감정을 빼놓지 않고 솔직하게 말한다. 스스로 말하면서 해결 방안도 찾아간다.

"오늘 학교에서 무슨 일 있었어?"
"미소가 수업 시간에 떠들어서 단체로 혼났어."
"어머, 그래서?"

　이렇게 묻는 것은 있었던 사건만 나열하게 만든다. 상황을 점검하는 것이다. 엄마 역시 질문을 할 때 어떤 의도와 목적으로 아이에게 질문하는 것이 생각해 보면 된다.

"오늘 어떤 하루였어?"
"억울한 하루."
"왜?"

"미소가 수업 시간에 떠들어서 단체로 혼났어."

"어머, 그랬구나. 진이는 괜찮아?"

이런 식으로 대화하다 보면 아이의 감정을 아이 스스로 들여다 볼 수 있는 눈과 힘을 길러줄 수 있다. 그럼 아이는 엄마로부터 존중받은 그 마음으로 내면의 근육을 키우고 힘들고 어려운 상황에서도 일어날 수 있는 극복 가능한 힘이 생긴다.

황선준, 황레나의 『스칸디 부모는 자녀에게 시간을 선물한다』를 보면, 북유럽 부모와 우리나라 부모의 자녀 교육에 대한 이야기가 나온다. 북유럽 사람들은 가족이 함께해야 한다는 가치관이 절대적임으로 우리나라 기러기 아빠를 이해하기 어려워한다고 한다.

북유럽 사람들은 가족이 함께 시간을 보내며 마음을 나누고 소통하는 것을 행복과 양육의 최우선 조건으로 보는 것이다. 아무리 돈을 많이 주고 승진이 보장되어 있다 할지라도 아빠와 떨어져 살아야 하는 스카우트 제의라면 고민 없이 거절한다고 한다.

그러고 보면, 북유럽 사람들은 삶에 있어서 무엇이 중요한지를 아는 사람들이다. 아이들은 아빠와 시간을 보내고 함께하는 시간이 많으면 자연스레 정서적 안정감이 생긴다. 아이들은 엄마와의 관계도 중요하지만 아빠에게 배울 수 있는 사회성, 인성, 성취 욕구 등이 있다.

요즘은 많이 나아졌지만, 아직도 우리나라는 아빠 하면 떠오르는 '무뚝뚝함'이 있다. 아빠는 말이 없고, 무게감이 있어야 하며, 무표정이어야 한다는 것. 이것은 그들의 아버지로부터 배운 것이다.

우리 아이의 자존감을 보려면 엄마의 자존감을 보면 되고, 엄마의 자존감은 그 할머니에게 볼 수 있는 것처럼, 아빠도 마찬가지다. 아빠의 모습을 들여다보면 아빠의 아버지의 모습을 볼 수 있다.

아이에 대한 기대감이 너무도 큰 나머지 "그거밖에 못해?", "그게 다야?", "가서 공부나 해."라고 말하는 아빠들. 그들은 그의 아버지로부터 어떤 말을 주로 들었을까? 결국 내가 내 아버지를 보며 '하지 말아야지.' 하고 다짐했던 것들을 다시 내 아이에게 물려주고 있는 것이다.

가족은 서로 원활하게 소통할 수 있을 때, 특히 아이들이 한창 자라날 때는 아이들과 원활한 소통을 하며 아이들에게 세상을 살아가는 법을 가르쳐줄 수 있을 때 가족 구성원 모두가 행복함을 찾을 수 있다.

오늘부터

1. 아이에게 매일 있었던 일에 대한 생각이나 느낌을 물어보자.
2. 아이가 말을 할 때, 하던 일을 일단 멈춤으로 아이의 이야기를 진심

으로 경청하자.

3. 하루에 한번은 아이와 눈빛을 마주치자.

4. 아이를 존중하는 마음을 담아 소통하자.

5. 대화 거리가 없다면 같은 책을 읽고 가족 북 토론을 하거나 교환 일기를 쓰는 것도 추천한다.

05

끊임없이 자존감 공부를 해야 할 사람은 엄마다

아이는 엄마로부터 자존감을 배운다. 엄마는 그 엄마로부터 자존감을 키웠다. 그래서 아이를 보면 엄마가 보이고, 그 엄마를 보면 아이가 보인다는 말이 있는 것이다. 어렸을 때부터 부모에게 학대를 받았거나, 존중받지 못한 기억이 있는 엄마들의 기억은 낮은 자존감으로 사회생활을 제대로 하지 못하다 결혼하는 경우도 종종 있다.

그러다 다시 남편의 학대를 받거나 주변에서 일어나는 모든 일을 자신의 탓으로 생각하며 자존감을 점점 끌어내린다. 안타까운 경우다. 이렇게 자존감이 제대로 세워져 있지 않은 엄마에게 태어난 아이들은 그런 엄마의 모습을 보며 자란다.

자기 존중감을 갖추고 있지 않은 엄마는 또다시 아이를 그렇게 길러낸다.

미국의 심리학자 가버는 "부부의 갈등이 이혼을 불러오는 것은 물론 아이의 자존감에 장기적으로 영향을 미친다."라고 말했다. 아이는 엄마의 탯줄로 연결되어 있다 세상에 태어났다. 자신이 세상을 혼자 살아갈 수 있기 전까지 엄마에게 의지하는 것은 물론 부모에게 세상을 살아갈 힘과 태도를 배운다.

하지만 이렇게 부모의 지난친 갈등과 부부싸움 속에 노출되어 자라난 아이는 그 안에서 불안을 겪게 되고, 결국은 부모와 똑같은 문제점을 가진 사람으로 성장하게 된다. 폭력을 보고 배운 아이는 자라서 폭력을 행하고 술꾼 아버지에게 자란 아이는 안타깝지만 똑같은 결과를 내는 경우가 많다. 그래서 결혼을 하기 전, 부모님께 인사를 드릴 때 배우자의 부모를 보는 이유도 같은 이유다.

엄마의 자존감이 회복되지 않으면 아이에게 그대로 전해진다. 더 큰 문제는 자신의 자존감의 상태를 점검하지 않는 엄마들이다.

나 역시 어린 시절 나와 동급생 사촌언니가 있었다. 학년은 같았지만 나이는 다른. 내가 생일이 빨라서 학교에 일찍 들어갔다. 그땐 그럴 수 있었다. 여름방학이면 같이 놀기도 하고, 자주 만나기도 했다. 어쩔 수 없이 들리는 소리는 이런 것들이었다.

"보민아, 미영이는 이번에 그림을 잘 그려서 학교에서 상을 받았대."
"미영이는 다리가 길어서 그런가 달리기도 잘한다며."

심지어 우리 집에서 어른들과 함께 모이는 주말, 어른들의 술상 옆에서 나와 그녀가 그림을 그리기 시작할 때 어른들은 종종 들여다보며 '누구 그림이 더 예쁘네.' 하면서 평가를 했더랬다. 지금 생각해보면 아이들이 백지에 그림을 그리는데 평가가 무슨 일인가 싶지만 어린 나로서는 어쨌든 더 잘 그려야 했다.

의식하지 않은 척하면서 나는 성인이 되어 각자의 길을 가는 그 순간까지 경쟁의 대상자로 삼고, 한쪽 귀는 그 쪽을 향해 올려놓고 뭘 하고 지내는지 이번엔 어떤 결과를 냈는지 귀를 기울였다.

나의 어린 시절 주 양육자는 조부모님이셨기에 나는 더욱 어른들을 실망시켜드리고 싶지 않았다. 온갖 잡다한 생각으로 공부를 열심히 하지 않았지만 늘 결과에 집중하며 혼자 스트레스를 받는 그런 아이였다.

학창 시절 내내 공부를 잘하고 싶은 마음은 굴뚝같았다. 하지만 환경을 탓하고 주변 사람들이 어떻게 하고 있는지 온 신경은 그곳에 집중되어 있었다. 당시 나는 정말 필요한 공부에 집중하는 시간이 없었던 것이다. 그리고 나은 결과만 바라고 있었다.

그렇게 교회를 다니게 되었고, 셀 학습 시간에 자존감이라는 단어를 알게 되었다. 어느 날 기도를 하면서 울부짖었다.

'왜 내게만 이렇게 힘든 일이 자꾸 생기는 거죠?'

할아버지의 친척집인 시골에 놀러 갔다가 핸드폰을 정말 푸세식 화장실에 빠트렸다. 할아버지는 삼지창을 이용해 핸드폰을 꺼내주셨지만 그 냄새는 말하지 않아도 알 것이다. 차마 손댈 수 없는. 그렇게 해서 핸드폰을 새로 샀다. 그런데 3일째 되던 날 교회 여름 성경 학교 교사로 참석했다 권사님이 장난으로 나를 수영장에 빠트리는 바람에 주머니에 있던 새로 산 핸드폰도 물속에 함께 빠진 것. 결국 핸드폰을 다시 사야 했다.

지금 생각하면 별일도 아니지만 당시 고등학생이었던 나는 이것을 또할아버지께 어찌 말씀드리나, 하나님은 왜 자꾸 내게 이런 시련을 주시나, 아픔 총량의 법칙이라는 것도 있다는데, 어릴 때 아빠를 데려가시고 내게 그런 고난을 주셨으면 이제 좀 그만 하셔도 되지 않나 하고 별 생각을 다 했더랬다.

그러던 중 말씀을 통해 "당신이 시련과 아픔을 겪고 있는 것은 당신과 똑같은 아픔과 슬픔이 있는 사람에게 위로와 격려가 될 것입니다. 당신을 크게 사용하려고 주시는 하나님의 고난의 시간에 감사하세요."라는 부분을 들었는데 눈물이 다 났다.

그 후로 나는 생각을 바꿨다. 내게 일어나는 모든 일은 언젠가 나를 필요로 하는 사람들에게 위로와 희망을 될 것임을 기억하며 긍정적으로 생각하기로.

많은 부모를 만나고, 많은 선생님들을 코칭하기 위해, 다양한 교육을 받고, 수백 권이 넘는 책을 읽으며 공부했다. 나보다 더 많은 책을 읽는 사람들이 있는데 삶의 태도가 바뀌지 않는 사람들을 보며 또 고민했다. 독서가 중요한 것이 아니라 삶에의 적용과 받아들이는 것이 중요하다는 것을. 그래서 깨달은 한 가지는 부모 공부가 필요하다는 것이다. 특히 세상을 아름답게 꽃피울 아이들을 키우는 엄마라면 아이의 자존감을 먼저 공부해야 한다. 그리고 엄마의 자존감을 먼저 회복해야 한다.

먼저, 엄마의 자존감을 들여다봐야 한다. 꿰뚫어보는 눈이 필요하다. 필요하다면 코칭을 받으며 회복하는 것도 좋은 방법이다. 그리고 실천해야 한다. 기존의 나를 버리고 새로운 것을 시도하고 받아들이며 나를 바꾸기 위해선 환경을 먼저 변화시켜야 한다.

내가 늘 시간을 함께 보내는 사람들이 어떤 사람들인지 생각해보자. 내가 주된 시간을 함께 보내는 다섯 명을 보면 나의 수준이 곧 그 사람들이고 그 사람들이 수준이 곧 나이다. 내가 그 사람들에게 좋은 영향을 끼칠 수 있을 만큼 지금 나의 수준이 되지 않는다면 잠시 교육받고 훈련받을 동안 그들과 관계를 끊는 것도 도움이 된다.

자존감 회복을 위해 코칭을 받을 수 있다면 가장 좋겠지만 그렇지 않을 경우, 검증받은 리더가 운영하는 독서 모임에 참여하는 방법을 추천한다.

혼자 독서만 많이 하는 사람들도 많다. 나 역시 독서로 배운 부분이 많다. 하지만 어느 선까지 이르면 독서를 하고도 채워지지 않는 부분이 있다. 혼자서 실천하기 어려울 때. 그럴 때는 리더가 운영하는 독서 모임에 참여하고, 함께 나누면서 생각을 긍정적으로 바꾸며 실천할 수 있는 힘이 생긴다.

결국 이 모든 것은 내가 나를 사랑하고 존중할 수 있을 때, 내가 내 안에 있는 보석을 발견할 때, 내가 나를 인정할 때 나의 자존감은 나를 새롭게 태어날 수 있게 한다.

세상 착한 사람이다가 술만 마시면 '욱'하는 사람들도 있다. 또 자존감을 자신감과 착각하는 사람들도 있다. 또 배우자 중 한 사람은 자존감이 강하고 한 사람은 자존감이 낮을 때 일어나는 충돌이 있다. 사람은 비슷한 수준의 사람을 만나야 동등한 에너지가 전달된다.

이런 경험 있을 것이다. 누군가를 만나고 오면 급속도로 피곤해지는 경우, 나와 다른 생각을 하는 사람. 그런데 그 사람의 내면을 들여다보면 삶에 대한 태도, 삶을 바라보는 관점이나 가치가 부정적이거나 수준이 낮은 사람이다.

오히려 부정적이지만 자신의 태도를 바꿀 생각이 있는 사람은 긍정적인 사람을 만나면 반성하고 태도를 바꾸어 긍정적으로 사고하려고 노력한다. 하지만 끊임없이 누군가를 비난하고, 부정적 발언을 하고, 환경을 탓하는 사람을 만날 때면 피곤함은 나의 몫이다.

엄마인 내가 자존감을 회복하고 세상을 바로 보는 눈을 기르고 끊임없이 공부해야 할 이유는 내가 아는 만큼 내 아이를 성장시킬 수 있기 때문이다.

06
아이에게 필요한 것은 회복탄력성이다

사람은 누구나 한 번쯤 고난과 실패을 경험한다. 회복탄력성은 힘든 일을 겪어도 그 일을 발판삼아 다시 일어날 수 있는 힘, 마음의 근력을 의미한다. 단단한 고무공을 바닥에 던지면 탄성으로 인해 튀어오르듯 실패와 고난과 역경을 만나도 바닥으로부터 다시 튀어오를 수 있는 그 힘을 말한다.

인생의 고수를 한 번씩 만나게 될 때마다 듣게 되는 질문이 있다.

"바닥을 한번은 찍어봐야 인생의 참맛을 아는데, 바닥을 한 번 찍어봤어요?"

이는 회복탄력성을 두고 하는 말이었다. 슬픔과 고난을 딛고 일어나본 경험이 있느냐는 말이다. 세상에 힘든 경험, 바닥을 한 번 찍고 딛고 일어나본 사람은 세상을 보는 시야도 달라지고, 삶의 가치관도 재정립되며 이때부터 제대로 배우고 일어난 사람은 인생을 다시 시작하게 된다 말해도 될 만큼 바뀌어 있다.

사람은 각자 가진 탄성이 다르다. 역경으로 인해 밑바닥까지 떨어졌다가도 강한 회복탄력성으로 다시 튀어 오르는 사람들을 보자. 대부분의 경우 원래 있었던 위치보다 더 높은 곳까지 올라갈 수 있었다.

모두 다 알 법한 유명한 사람들, 정주영 회장이 그렇고, 스티브 잡스가 그렇고, 오바마 전 대통령도 그렇고 라이트 형제도 실패를 딛고 일어선 사람들이다. 그들이 한 번의 실패를 경험 후 '나는 역시 안돼.' 혹은 '왜 내게만 이런 일이 일어날까? 나는 크게 될 사람이 아닌가 봐.'라고 일어날 시도조차 하지 않았다면 지금의 명성은 없었을 것이다.

회복탄력성은 결국 자존감과 연결된다. 세상을 살아가면서 누구나 한 번씩은 겪게 되는 일. 그 힘든 일에도 누군가는 쉽게 딛고 일어날 힘이 있고, 누군가는 좌절하고 주저앉아버린다. 그것은 결국, 자신이 가지고 있는 자존감의 척도에서 결정된다.

누구나 다 한 번쯤은 겪게 되는 고난, 어려운 일. 분명 우리 아이들도 그 길을 걷게 된다. 누군가 그러지 않았는가. 인생길은 고난의 길이라고. 그러나 그것도 어찌 바라보는지에 따라 관점에 따라 다른 것이다.

성공한 사람들에게도 힘든 시기가 있었다. 그러나 그들은 자신이 힘든 상황을 객관적으로 바라보고 긍정적으로 생각하려고 노력했다. 이 힘든 위기를 경험함으로써 나와 비슷한 일을 겪는 다른 사람을 도울 수 있는 기회로 생각해보는 것. 상황을 긍정적 시각으로 바라볼 힘이 생긴 것이다.

자신에게 일어난 사건을 어떻게 바라보고 해석하느냐에 따라 힘든 그 사건이 내게 경험이나 지식이 되기도 하고, 인생의 좌절을 맛보게도 한다. 결국 일이 일어났을 때 내가 의미를 어떻게 부여하느냐가 나의 행복을 결정하고, 인생의 기로에서 행복의 문을 열어준다 할 수 있다.

나는 아빠가 일찍 돌아가셨다. '왜 내게만 이런 일이 일어날까? 남들 다 있는 아빠 왜 내게만 없지?' 이렇게 생각하며 초등 시절을 보냈다. 나의 조부모는 '아빠가 없다는 것이 세상에 알려지면 부모 없는 자식이라고 손가락질을 받게 될 것'이라며, 아빠는 외국에 돈 벌러 가셨다고 인지시

컸다. 하지만 나는 분명 봤다. 아빠가 병원에 누워 있는 모습도, 장례를 치르던 어른들의 모습도. 네 살 때의 기억이 있었지만 나는 어른들의 가르침대로 10대를 보냈다. 그리고 빨리 어른이 되고 싶었다. "너희 아빠는 뭐 하셔? 어디 계셔?"라는 질문을 듣지 않아도 되는 어른이.

누군가에게 거짓말을 한다는 건 정말 힘든 일이었다. 그래서 빨리 어른이 되고 싶었다. 어른들 덕분에 나는 손가락질을 받거나 놀림을 받은 기억은 없다. 하지만 어디서도 당당할 수 없었다. 또 친구들과 깊게 사귀지 않았다. 익숙해지기 전까지 초등학교 저학년 때의 나는 말없이 조용히 교실에 바른 자세로 앉아 있는 아이였다.

"우리 아빠는 외국에 갔어요. 미국이요."

이 말을 하게 될 때마다 나는 작아지는 느낌이 들었다. 하지만 어느 누구에게도 말하지 않았다.

10대 후반에 교회를 다니고, 교회 학교 교사를 하면서 캠프에 참여하고, 아이들 한 명 한 명과 소통하면서 아이들의 고민을 들을 수 있었다. 아이들은 아이들 각자 나름대로의 말 못 할 고민이 있었다. 어린 시절의 내 모습을 아이들을 통해 보게 된 것이다. 그리고 함께 울었다. 많이 안

아주었다. 그만큼 아이들은 회복되고, 아이들과 소통하면서 회복되는 나를 발견했다.

대학 시절엔 선교사 자녀 캠프에 참석했다. 그곳에서 만난 아이들도 슬픔이 있었다. 부모가 선택한 직업으로 인해 하나님을 원망하고 부모를 원망하고. 나 또한 어린 시절 '엄마'에 대한 원망이 가득했다. 나는 진심으로 그 아이들을 위해 기도했다. 일주일 캠프를 보내면서 아이들과 함께 내 마음 깊이 응어리진 것들을 꺼내놓으면서 회복할 수 있었다. 나의 어릴 적 경험이, 누군가를 진심으로 위로할 때 회복이 되었다.

그렇게 공부에 흥미도 집중도 할 수 없었던 나는, 대학교를 다니면서 성경 말씀을 공부하고, 다양한 자기계발서를 읽고, 공강이면 심리학 교수님 방에 가서 이것저것 질문하고 또 질문했다. 그리고 세상에 정말 다양한 사람과 많은 경우의 수가 있다는 것, 슬픔과 아픔은 내게만 있었던 것이 아니었음을 깨달았다.

신은 그 사람이 감당할 수 있는 무게만큼의 아픔과 시련을 준다는 말. 사랑하는 만큼 견딜 수 있을 만큼의 아픔을 준다는 그 말이 위로가 되었다. 당장 눈앞에 펼쳐진 아픔과 고통이 힘들겠지만 누구나 다 딛고 일어설 수 있는 이유이기도 하다.

나는 경험을 바탕으로 서른 살에 월 1억대 매출을 달성하는 지점장이 될 수 있었다. 나보다 나이가 훨씬 많은 40대, 50대 직원들이 목표를 달성할 수 있도록 면담하고 코칭을 하는 과정에서 나는 자신감과 성취감을 얻을 수 있었다. 또 누군가의 롤 모델이 될 수도 있었다.

내가 10대의 아픔을 겪으며 원망만 했더라면, 내 아이를 자존감 높은 아이로 키울 수 없었고, 이 책을 집필하지도 못했을 것이다. 10대의 아픔을 바탕으로 20대에 치열하게 공부하고 배웠다. 30대엔 다른 사람의 성장을 도우며 성과를 내도록 코칭하고, 교육 시장에서 마케팅과 컨설팅을 하는 사람이 되었다. 내가 생각하고 노력하는 방향대로 선택의 문이 열렸고 나는 내가 성장할 수 있는 문을 선택했다.

회복탄력성은 이런 것이다. 힘들다고 해서 좌절하고 무너져 앉아 있는 것이 아닌, 딛고 일어날 수 있는 힘, 자존감을 나는 20대가 되어 배우고 채울 수 있었으며 30대가 되어서도 배우는 것에는 돈을 아끼지 않았다. 매월 평균 열 권 이상의 책을 사서 읽었고, 이런 엄마의 모습을 보면서 우리 딸 역시 책 한 권쯤은 쉽게 읽고 글을 쓴다.

심리학자 프로이드는 사람의 마음속엔 세 가지 요소가 있다고 했다. 본능과 욕망 쾌락을 추구하며 본능대로 행하는 이드(id), 이드를 막고 현실적 원리에 의해 작동하는 자아(ego). 자아는 결국 자존심, 자존감을 의미하며 '나'를 말한다. 최종 결정권을 갖고 있는 셈이다. 그리고 초자아

(superego)는 이드(id)의 쾌감을 통제하는 도덕심, 양심에 해당하는 기능으로 부모와 사회로부터 배운 가치관에 해당한다.

프로이드는 인간 발달에서 이드, 자아, 초자아 간의 갈등 구조를 어떻게 극복하고 적응하느냐에 따라 개인의 성격 유형이 결정된다고 했다.

『포기 대신 죽기 살기로』의 저자 송진구는 이드가 이기면 사회적으로 나쁜 짓을 저지르는 문제아가 되고, 초자아가 이기면 도덕적으로 고지식한 사람이 되는 것이며, 자아의 힘이 강한 사람은 쉽게 휘둘리지 않는다 말한다.

자아의 힘이 강한 사람은 자신을 정확히 알고 이드와 초자아 사이에서 적절하게 옳고 그름을 판단하고 조절할 수 있는 능력이 있는 사람이다. 자신에 대해 정확히 알고, 인생의 목적과 방향이 바르게 설정되어 있을 때 가능하다.

아무리 힘든 일이 있어도 먼 미래에서 봤을 땐 과거의 일부다. 그 과거로 일컫는 현재를 지금 내가 어떻게 보내느냐에 따라 또 미래가 달라지는 것이다. 다시 말하면 미래에서 보는 현재의 내 모습은 어떤 일이라도 아무것도 아닐 수 있다는 것.

나 역시 어릴 때 아픔은 누구에게 말도 못 하고 나로서는 감당치 못할 큰일이었지만 이제 와서 글을 작성하려고 꺼내보니 지난 내 과거의 일부분일 뿐이다. 자아는 어느 날 갑자기 생기는 것이 아니다. 어릴 때부터 노력을 통해, 경험을 통해 기회를 통해 배워가는 것이다. 먼 미래에서 보면 현재는 아무것도 아니라는 것. 이 말을 기억하고 내 아이에게도 들려주자.

나는 딸에게 내가 살아오면서 느끼고 깨달은 것들, 책에서 얻은 통찰력을 최대한 객관적으로 하나씩 풀어준다. 심지어 경제 이야기까지도. 내가 아이와 이렇게 솔직하게 소통할 수 있을 때, 아이는 힘든 일이 생겨도 일어날 수 있는 회복탄력성이 생긴다.

해마다 자살하는 아이들의 소식이 들린다. 스스로 목숨을 끊기까지 이 아이들이 얼마나 힘들었겠는가. 왕따를 당하는 아이들. 왕따가 아이라 은따까지. 알고 보면 그 왕따를 시키고 은따를 시키는 아이들도 상처가 많은 아이들 중 일부다.

자신이 존중받고 사랑받지 못하는 감정을 잘못된 방법으로 세상에 풀어내고 있는 것이다. '우리 아이들은 괜찮겠지.' 하다가 뒤늦게 아이의 반항을 목격한 엄마는 충격받는다.

어릴 때부터 아이의 감정을 소중히 다루고 아이가 회복탄력성을 이용해 힘든 위기가 왔을 때 일어날 수 있는 힘 자존감을 선물로 줘야 한다.

혹시, 이 책을 읽는 독자 중에 지금 힘든 시기를 보내고 있는 엄마가 있다면, 내 이야기를 발판삼아 좌절하지 말고 일어나길 응원한다. 신은 당신에게 일어날 수 있을 만큼의 시련을 주었다는 것, 당신에게 고통과 함께 견뎌 낼 수 있는 회복탄력성이 있다는 것을 기억하고 일어서길 진심으로 바란다.

결국, 자존감은 엄마의 태도로 결정된다

엄마의 말과 행동은 곧 생각으로부터 나온다. 그것은 곧 태도를 말한다. 엄마의 태도는 결국 아이의 자존감을 결정한다. 엄마가 지금보다 좀 더 나은 생각을 하고, 좀 더 나은 방향으로 삶의 태도를 바꾸고 살아야 할 충분한 이유가 있는 것이다.

엄마가 좋은 생각을 할 수 있으려면 먼저 행복해야 한다. 행복과 관련하여 다양한 의견이 있지만, 나의 경험으로도 삶의 목적과 방향을 바르게 설정했을 때 그 행복의 기쁨도 맛볼 수 있었다.

나는 엄마들이 오로지 아이만 바라보고, 아이 바라기를 하지 않았으면 한다. 물론 나 역시 아이의 영유아기 시절, 초등 입학 시점에 직접 아이를 돌보지 못하는 아쉬움도 있었고, 미안한 마음은 이루 말할 수 없었다. 마음이 흔들릴 때마다 아이에게 물었다.

"엄마 회사 그만둘까?"
"아니. 나는 엄마가 계속 회사 다녔으면 좋겠어."

그 한마디에 최고는 아니어도 최선을 다하며 나의 삶의 방향을 정하고 도전해왔다. 물론 내가 이렇게 할 수 있었던 것은 시부모님 두 분의 도움이 무척 컸다. 아이가 어린 경우 어쩔 수 없지만, 아이가 이제 스스로 할 수 있는 경우라면 나는 엄마들에게 이젠 자신의 꿈을 위해 도전하라고 말하고 싶다.

아무도 자신의 인생을 대신 살아주지 않는다. 지금도 늦지 않았다. 경력단절이라고 두려워하지 말고 DID 송수용 대표님 강의처럼 '들이대'면 된다. 엄마가 도전하고 새로운 일을 시작할 때 아이는 그 속에서 또 엄마의 도전 정신과 용기를 배울 수 있다.

집에서 아이 바라기만 하고 있는 경우, 그것이 간혹 집착과 연결되어 아이도 엄마도 둘 다 지치는 경우가 많다.

『엄마 반성문』의 저자 이유남은 서울교대를 졸업하고 학생과 학부모에게 인정받는 선생님으로 교직에 있었다. 그러다 어느 날 고3 아들의 자퇴 선언에 이어, 고2 딸마저 학교를 그만두는 일이 생긴다. 그리고 엄마는 오직 자녀들을 위해 헌신했다고 생각하고 최선을 다했다 말하지만 아이들은 엄마와 대화조차 거부한다. 그리고 깨닫는다. '그동안 부모가 아니라 감시자였다는 것을' 저자는 사랑이라는 이름으로 아이들을 불행하게 만들고 있었던 것이다.

지금 나는 아이들을 어떻게 바라보고 있을까?! 사랑이라는 이름으로 과거 저자처럼 아이들을 감시하고 있지는 않을까? 내가 감시자인지 아닌지 나는 모른다. 오직 나의 이야기를 들은 아이들만 알 뿐. 아이의 감정과 태도를 묻는 질문보다 확인하고 점검하는 대화를 더 많이 하고 있지는 않았는지 이번 기회에 점검해보기 바란다.

나 역시 엄마의 태도가 아이의 자존감에 미치는 영향을 너무도 잘 알고 있어서 늘 상황을 객관적으로 바라보기 위해 노력한다. 그리고 아이의 생각을 묻기 위해 끊임없이 노력한다.

아이와의 교감을 위해, 소중한 추억을 쌓기 위해 여행은 가급적 자주 간다. 집 밖에서 하는 아이와의 대화는 또 다른 즐거움이다.

한 권의 책 속엔 저자의 10년 노하우가 담겨 있다. 1만 원대에 구입하는 책값은 아끼지 않는다.

행복한 엄마, 도전하고 성공하는 엄마가 되기 위해 박현근 코치님의 평생 회원이 되었고, 나이와 상관없이 열정을 불태우는 최원교 대표님, 성공을 하기 위해 책을 먼저 쓰라고 말하는 김태광 대표님, 최고의 코칭을 몸소 가르쳐주시는 송수용 대표님에 이르기까지.

나는 최고의 코치님들을 통해 마음공부를 하고, 실행하고 도전한다. 배움을 통해 나의 감정은 긍정으로 향하고, 삶의 목적대로 살아갈 수 있다.

가까이 지내던 선생님 중에 폭력성을 띄고 있는 아이. 민수에 대해 고민하던 분이 계셨다. 똘똘한 녀석이라 공부도 곧잘 하고, 책도 많이 읽는 아이었다. 하지만 '화'를 참지 못했다. 친구들이 민수를 향해 하는 말이 아닌데도 순간 '욱'해서 손이 먼저 날아가고, 입으로 하지 말아야 할 욕설을 내뱉었다. 그러다 보니 친구들은 아무도 민수와 함께 수업을 하려고 하지 않았다. 물론, 이 사실을 알고 있는 학부모들도 민수와 같은 타임에 수업하는 것을 거부하는 상황.

"선생님은 민수에 대해 어떻게 생각하세요? 민수 보면 어떤 생각이 드시는데요?"

"안타까워요. 이야기를 하다 보면 나쁜 아이가 아닌데. 상처가 많은 아이예요."

들고 보니, 민수는 아빠와의 관계가 좋지 않았다. 해외 출장이 잦은 민수의 아빠는 출장을 다녀올 때면 오랜만에 만나는 민수가 좋아할 만한 것들을 잔뜩 사오지만 하루만 지나면 냉전이 된다는 것.

아빠는 민수가 아빠처럼 되길 바라며, 잠시도 민수를 가만히 두지 않았다. 아빠와 민수의 대화는 늘 점검과 확인 그리고 공부에 그쳤다. 처음 어릴 땐 괜찮았겠지만 민수가 커갈수록 아빠와 거리는 점점 멀어졌다.

그러면 그럴수록 민수 역시 아빠의 말에 쉽게 수긍하지 않았고, 화가 난 아빠는 민수를 때리기까지 했던 것. 건축 사업을 하는 바쁜 엄마는 늦게 귀가하고 일찍 나가니 민수를 돌볼 시간이 없다. 민수를 돌보는 것은 일을 봐주시는 이모님이었다.

민수는 자신의 마음을 둘 곳이 없었던 것이다. 생각을 물어보는 사람도 없었고, 느낌이나 감정을 표현하는 법을 제대로 배우지 못했다. 친구들이 하는 말에 기분이 나쁘면 공격이라 생각했다. 아빠한테 배운 대로 손이 먼저 올라간 것이다.

결국 선생님은 엄마와 상담하며, 아이와 함께 상담소를 찾아가볼 것을 권했으나 물론 아이의 부모는 수긍하지 않았다. 문제 될 것이 없다며. 이야기를 듣고 있는 내내 참 안타까웠다.

아이의 입장에서 한 번이라도 생각해 보면 좋을 텐데. 아빠가 해외 출장을 다니며 일하고 엄마가 아침저녁에 아이의 얼굴도 제대로 볼 수 없을 만큼 바쁘게 사는 이유가 뭘까? 두 부모의 우선순위는 삶의 목적은 어디에 있는 것일까?

"마땅히 행할 길을 아이에게 가르치라. 그리하면 늙어도 그것을 떠나지 아니하리라"
– 잠언 22:6

내게는 하나님께서 값없이 주신 소중한 아이가 있다. 사랑하는 남편을 닮았고, 내 모습 그대로를 닮은 아이. 커서 내 품을 떠나 독립할 때 건강하게 사회생활을 잘할 수 있도록 준비시켜줘야 하는 아이.

소중한 내 아이지만, 하나님께 내게 맡기신 선물이라고 생각해보자. 아이를 소유하고자 하는 마음보다 아이를 사랑으로 잘 돌보자는 마음으로 바꿔보자. 화가 날 땐 잠시 숨을 고르고, 객관적으로 아이를 바라보자. 그러면 엄마의 마음도 정화되고, 아이에게도 친절하고 존중하는 엄마의 눈빛을 보여줄 수 있다.

아이를 키우면서 가장 주고 싶은 것이 무엇일까? 행복? 아이가 어떤 인생을 살길 바라는가? 엄마가 아닌 아이 스스로 선택할 수 있도록 해야 한다. 그 지점이 바로 자존감이다.

아이 인생에 있어 도착 지점, 달성해야 하는 목표만 바라보지 말고, 일에 대한 방향성인 목적을 생각해보길 바란다. 아이가 무엇(직업)이 되어야 한다만 생각하지 말고, 아이의 성품과 인품을 길러주는 것, 올바른 목적을 두고 양육하는 것이 엄마가 아이에게 줄 수 있는 가장 큰 선물이다.

브라이언 트레이시는 말한다.

"아이가 잘하든 못하든 우리가 100%, 무조건으로 사랑하고 있음을 알리는 것은 대단히 중요하다."

생각은 곧 언어로 표현되고, 언어로 표현된 생각은 곧 현실에 반영된다. 그것은 곧 삶의 방향성과 가치관과 연동된다. 그래서 현재는 자신이 과거에 살아온 삶에 대한 결과물이다. 그것은 누구에게나 적용된다. 우리 아이들의 오늘의 습관은 과거로부터 만들어진 것이며, 오늘의 생각과 행동은 미래를 결정한다.

또한 아이가 갖고 있는 오늘의 자존감도 엄마가 그동안 보여준 태도를 통해 만들어진 것이며, 엄마의 태도는 아이의 미래 자존감에 충분히 영향을 미칠 수 있다. 우리 아이의 미래를 기대해볼 수 있지 않겠는가?!
엄마와 아이가 오늘을 어떻게 살아가느냐에 따라 우리의 미래의 모습이 바뀔 수 있다는 것에 희망을 두며, 대한민국 엄마들을 응원한다.

"스칸디 대디, 스칸디 맘은 아이를 억압하거나 강요하지 않고 아이 삶의 주체는 아이 자신이라고 믿는다. (중략) 부모는 아이 곁에서 도와주고, 지지해주고, 조언해주고, 박수를 보내는 조력자의 역할을 충실히 한다."

- 황레나, 황선준, 『스칸디 부모는 자녀에게 시간을 선물한다』

아이의 자존감은 엄마의 태도에서 결정된다